Easy Make
Arduino
程式設計與創客入門

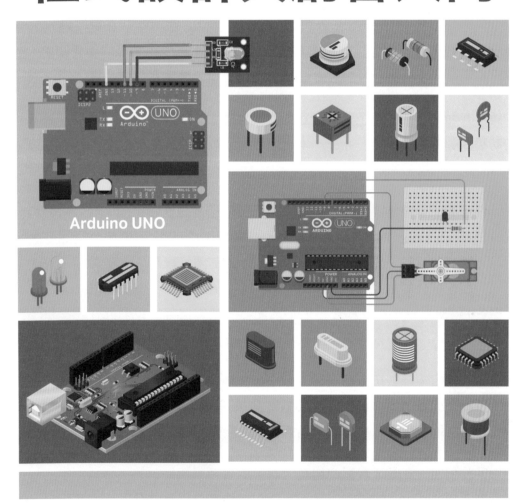

Arduino UNO

序

本書是一本關於 Arduino 的基礎教學手冊，旨在引領讀者進入 Arduino 的世界，學習如何使用 Arduino 控制板和各種電子元件，實現自己的創意和想法。

本書共分為兩大主題：Arduino 基本篇和電子元件篇，讓讀者循序漸進地學習，從 Arduino 的基本概念到各種電子元件的使用方法和應用，涵蓋了 Arduino 入門所需的基本知識，適合初學者閱讀。

在 Arduino 基本篇中，本書首先介紹了什麼是 Arduino，讓讀者了解 Arduino 的由來和特點。接著，本書介紹了 Arduino 控制板的種類和特點，重點介紹了最為常用的 Arduino UNO 控制板。此外，本書還介紹了 Arduino IDE 開發環境的相關知識，包括軟體下載、安裝、連線檢查及設定，以及操作介面等，讓讀者能夠快速上手。

在程式語法方面，本書介紹了 Arduino 的程式語法、資料型態與常數變數、運算式、流程控制和函數等基本概念。此外，本書還教授了如何安裝、管理和使用程式庫，讓讀者掌握更多實用技巧。

在電子元件篇中，本書分別介紹了各種電子元件的使用方法和應用，包括控制板內建 LED 燈、外接 LED 燈控制、PWM 呼吸燈、按鈕開關的使用、RGB 七彩霓虹燈、可變電阻調光燈、DHT11 數位溫溼度計、文字型 LCD 顯示模組、光敏電阻、蜂鳴器、聲音感測模組、紅外線搖控器與接收頭、紅外線發射 LED、7 段顯示器、4 位 7 段顯示器、SG90 伺服馬達、步進馬達、火焰感測器和繼電器等。每個元件都提供了詳細的介紹和實作範例，讓讀者能夠理解其原理和功能，並能夠實現自己的想法和創意。

本書內容深入淺出，針對初學者設計，循序漸進地介紹 Arduino 和各種電子元件的相關知識，並提供大量的實作範例，讓讀者能夠快速上手。本書適合想要學習 Arduino 和電子元件的初學者閱讀，也適合作為 Arduino 教學課程的參考書籍。

本書得以完成相當感謝碁峰資訊的佳慧、季柔的支持與協助，期望透過本書的學習，讀者將能夠掌握 Arduino 的基本知識和技能，並能夠使用各種電子元件實現自己的創意和想法，開啟自己的創客之路。

簡良諭

目錄

PART 01 Arduino 基本篇

PART 02 電子元件篇

01

Arduino 基本篇

1-1 什麼是 Arduino

Arduino 原本是一家開源硬體和開源軟體的公司，該公司設計和製造 Arduino 電路板及相關附件，並且將這些產品按照 GNU 寬通用公共許可證（LGPL）或 GNU 通用公共許可證（GPL）許可的開源硬體和軟體分發的。Arduino 公司允許任何人都可以製造 Arduino 電路板、軟體分發及進行商業銷售。

第一個 Arduino 電路板於 2005 年於義大利誕生，其目的是為使用者提供一種低成本、簡易的方法來建立感測器與環境相互作用的裝置，例如溫溼度感測器、簡單機器人等。

Arduino 這個名字來自義大利伊夫雷亞的一家酒吧，該專案的一些創始設計者常常會去一家酒吧聚會，酒吧以伊夫雷亞的 Arduin（Arduin of Ivrea）命名，他是伊夫雷亞邊疆伯爵，也是 1002 年至 1014 年期間的義大利國王。

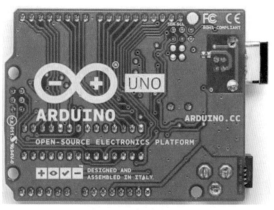

Arduino 的目標是為開發人員和愛好者提供一個易於使用的方式來製作電子產品，可以使用 Arduino 軟件開發套件（IDE）對 Arduino 控制板進行編程。Arduino 板上還有各種輸入和輸出腳位，可以對外接電子元件進行控制。因此 Arduino 廣泛應用於許多不同領域，包括電子學習、藝術、機器人學、自動化控制等。

所以 Arduino 這個名詞包含了二個部分，分別為硬體的 Arduino 控制板及軟體的 Arduino IDE 開發環境。

1-2 Arduino 控制板 - UNO

因為 Arduino 本身硬體沒有主張專利的情形下,在公共許可下,任何人都可以製造相容的電路板,並不需要取得 Arduino 團隊的許可。市面上 Arduino 的控制板非常多,除了官方生產的之外,還有不少公司也有設計修改並販售「相容」的控制板(俗稱副廠),因為產品數量量眾多,所以價格頗為便宜。不過對於初學者來說,常用的控制板不外乎 Arduino Uno、Arduino Nano 還有 Arduino Mega。

Arduino Uno 是 Arduino 系列中最受歡迎的控制板之一,在網路上可以找到許多的 Arduino Uno 應用範例,頗受初學者喜愛,本書就是以 Arduino Uno 控制板作為教學示範。

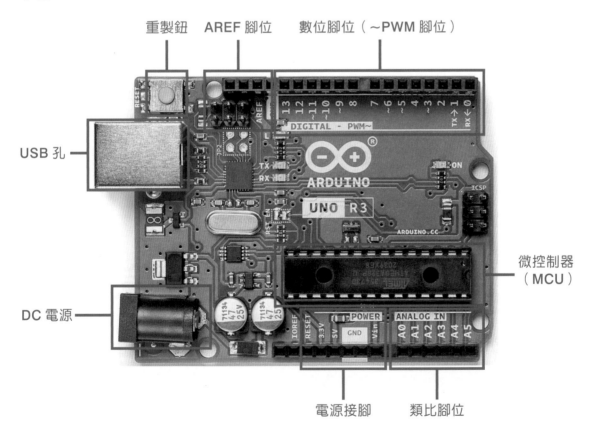

重製鈕　AREF 腳位　數位腳位(~PWM 腳位)

USB 孔

DC 電源

微控制器
(MCU)

電源接腳　類比腳位

Arduino Uno 是一款開源的電子控制板，由 Arduino 公司推出。它使用 Atmel AVR 微控制器作為核心，可透過編程控制一些基本的電子元件，如 LED 燈、伺服馬達、溫溼度傳感器等，因為它簡單易用且具擴充性，是入門者和專業開發人員都常採用的控制板。

微控制器（MCU）

Arduino Uno 使用 Atmel 公司的 AVR ATmega328P 微控制器，它就好像是 Arduino 的大腦一般，具有 32 KB 的快閃記憶體，2 KB 的 SRAM 和 1 KB 的 EEPROM，這個微控制器可透過編程指令來控制與之連接的各種電子元件，但是記憶體容量相當小，所以可以了解 Arduino 主要是以進行輸出 / 輸入控制為主，無法像手機、平板等執行龐大的程式。

數位輸入 / 輸出連接埠

Arduino Uno 具有 14 個數位輸入 / 輸出連接埠，腳位編號為 0 到 13，通常稱為 D0 到 D13 表示為數位腳位（D 代表 Digital），其中 D3、D5、D6、D9、D10、D11 這 6 個數字編號旁，標註有波浪符號（～），表示這些腳位可以用數位訊號來模擬出類比訊號，使用的方式是 PWM（Pulse Width Modulation），PWM 在之後的實作中會再加以說明。

D13 腳位連接著控制板上標示為 L 的 LED，若是原廠控制板，預設會燒錄一個令 D13 定時切換高低電位的 Blink 程式，因此，首次接上電源時，會看到標示為 L 的 LED 不斷閃爍，這是初步檢視控制板是否功能正常的方式。

這些連接埠可以和各種電子元件進行連接，控制輸入和輸出。要注意的是 D0 與 D1 這兩個數位腳位，分別被標示了 RX（Receiver）、TX（Transmitter），這兩個腳位用於序列埠傳送，且與 USB 序列埠連接，所以在電腦使用 USB 與控制板互傳資料時（可見到控制板上標示為 RX、TX 的 LED 閃爍），應避免使用 D0、D1 兩個腳位。

PWM 類比輸出 / 輸入

數位腳位的輸出 / 輸入只有 0 或 1 這二個值，但是你可以發現在 Arduino 控制板上數位腳位的編號 D3、D5、D6、D9、D10、D11 這幾個腳位使用了 PWM(Pulse Width Modulation) 技術，中文稱為「脈衝寬度調變」技術，將這幾個數位腳位「模擬」成為類比腳位，使它們可以讀取 / 寫入數值為 0~1023，而不是只有 0 和 1 值，這樣可以更精準的對電子零件進行控制。

類比腳位（**ANALOG**）

Arduino Uno 控制板上 ATmega328 內建類比數位轉換器（Analog-to-digital converter，簡稱 ADC），控制板上有 A0 至 A5 六個腳位，原則上可以接收類比電壓輸入，但不能輸出類比電壓，因類比電壓必須透過數位腳位 D3、D5、D6、D9、D10、D11 以 PWM 模擬輸出。預設會將 0V 到 5V 轉換為 0 至 1023 的數值，共 1024 個整數值。

但是實際上，A0 至 A5 是可以作為數位輸出、輸入腳位使用，這時候 A0 至 A5 可視為 D14 至 D19。

USB 連接埠與供電

Arduino Uno 的運作直流電壓為 5V，Arduino Uno 可以透過三個方式提供電源：USB 連接埠、電源輸入插座、Vin 腳位。

Arduino Uno 板上有一個 USB 連接埠，可用於編程、通信和供電（5V 電壓）。開發人員可以透過 USB 連接埠將代碼上傳到 Arduino 板上，並透過 Serial Monitor 進行調試和串行通信。

Arduino Uno 控制板除了使用 USB 連接供電外，也可以使用外接電源（如變壓器等）來透過 DC input 介面供電。

重置鈕與 RESET

控制板上有個重置鈕，按下重置鈕可以使控制板重新執行使用者燒錄之程式，控制板下方有個 RESET 腳位，設定為低電位時，也會重置。

ICSP 連接埠

Arduino Uno 有 ICSP（In-Circuit Serial Programming）腳位，是一個 6 個腳位的連接埠，透過它可以直接將代碼燒錄到 Atmel AVR ATmega328P 微控制器中。

使用 ICSP 連接埠進行編程有以下優點：

- 可以實現更高級的功能：相較於透過 USB 連接埠進行編程，使用 ICSP 連接埠可以實現更高級的功能，如製作自定義的啟動引導程序和設置微控制器的保護位等。

- 編程速度較快：使用 ICSP 連接埠進行編程，可以實現更快的編程速度，因為它不需要在編程和調試之間切換。

- 可以進行自定義的硬件設置：使用 ICSP 連接埠進行編程，可以進行自定義的硬件設置，如設置自定義的時鐘或添加額外的記憶體等。

用 ICSP 連接埠進行編程需要一些額外的硬件設備，如編程器和相應的軟件。一般情況下，Arduino Uno 的 ICSP 連接埠會預先連接到開發板上，因此開發人員只需購買相應的編程器即可開始使用 ICSP 連接埠進行編程。在 Arduino IDE 中，開發人員也可以選擇功能表「Tools＞Programmer」來選擇 ICSP 編程器，進而使用 ICSP 連接埠進行編程。

1-3 Arduino IDE 開發環境

Arduino Uno 控制板的軟體為 Arduino IDE，IDE 就是整合開發環境（Intergrated Development Environment）的英文縮寫，也就是提供程式編輯、編譯和除錯的整合環境。

Arduino IDE 是一個開放原始碼的統合式開發環境，專門用於開發基於 Arduino 板的軟體。Arduino IDE 可以在 Arduino 官網免費下載，以下是 Arduino IDE 的優點：

- 易於學習和使用：Arduino IDE 的使用者介面非常簡單易懂，即使是初學者也能輕鬆上手。

- 大量的範例程式碼：Arduino IDE 內置了大量的範例程式碼，使用者可以輕鬆地學習和理解如何使用 Arduino 板。

- 支援多種平台：Arduino IDE 支援 Windows、Mac OS 和 Linux 等多種平台，使用者可以在不同的操作系統上進行開發。

- 支援多種語言：Arduino IDE 支援多種編程語言，包括 C 語言和 C++ 語言等，此外，Arduino IDE 具有自動完成和語法高亮等功能，可以加快開發人員的編程速度。

- 支援多種開發板：Arduino IDE 支援多種不同的 Arduino 板，使用者可以根據自己的需求進行選擇。

- 支援自定義程式庫：Arduino IDE 支援使用者自定義程式庫，這樣使用者就可以共享自己的程式庫，也可以使用其他人共享的程式庫。

- 開放源碼：Arduino IDE 是開放源碼的，這意味著開發人員可以自由地修改和分發該軟件。這使得 Arduino IDE 成為一個活躍的社區，開發人員可以分享和參與改進 Arduino IDE 的過程。

- 支持多種平台：Arduino IDE 支持多種操作系統，如 Windows、macOS 和 Linux 等。這使得開發人員可以在不同的平台上開發和編程 Arduino 應用程序。

總之，Arduino IDE 對初學者而言是一個非常方便實用的開發環境。

1-3-1 軟體下載及安裝

在 Arduino IDE 最新版本為 2.0.3 版,但自從 2.0 版本後就沒有支援繁體中文版本(只支援簡體中文),故本書採用 1.8.19 版作為教學,主要原因是因為二者的功能大致相同,且有為繁體中文版本。

- Arduino 官網:https://www.arduino.cc/

程式下載

① 進入 Arduino 官網,點選「SOFTWARE」。

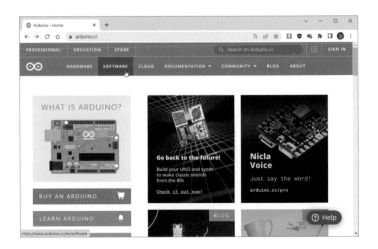

② 在 Download 區可以看到最新版本 2.0.3 版,請向下捲動視窗。

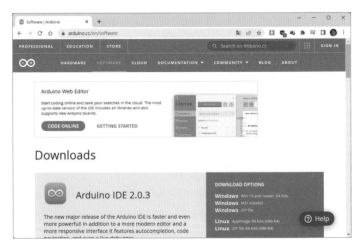

③ 在 Arduino IDE 1.8.19
處，點選「Windows
win7 and newer」。

④ 點選「JUST
DOWNLOAD」鈕，就
會開始進行程式下載。

程式安裝

① 「 下 載 」資 料 夾 中，
連按 2 下「  arduino-
1.8.19-windows」程式。

② 在「授權協議」頁面，
按「I Argee（我同意）」
鈕。

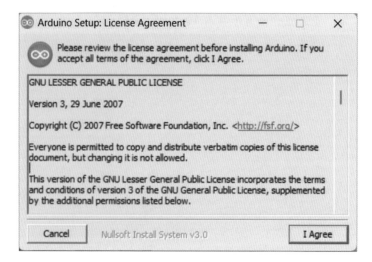

③ 將安裝軟體及 USB 驅
動，請按「Next」鈕。

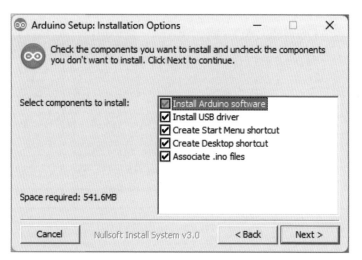

④ 選取安裝路徑，採用
預設值就可以了，按
「Install」鈕。

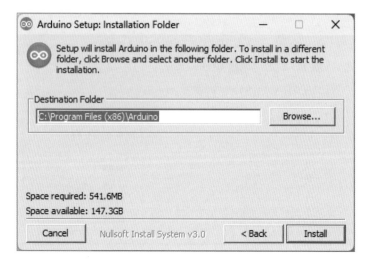

⑤ 詢問是否安裝此裝置軟
體，請按「安裝」鈕。

⑥ 詢 問 是 否 安 裝 Arduino
USB 驅動程式，請按「安
裝」鈕。

⑦ 請 問 是 否 安 裝 另 一 個
Arduino USB 驅動程式，
請按「安裝」鈕。

⑧ 都安裝完成，請按
「Close」鈕。

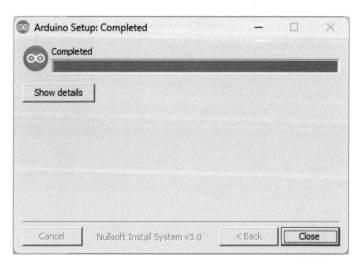

1-3-2 Arduino IDE 連線檢查及設定

連線 Arduino 控制板

Arduino IDE 軟體安裝完成後，先來檢查是否能與 Arduino Uno 控制板正常連線運作。

①　利用 USB 線將 Arduino 控制板與電腦連接，控制板上 ON 旁的 LED 燈會亮起、
　　L 燈會閃爍。

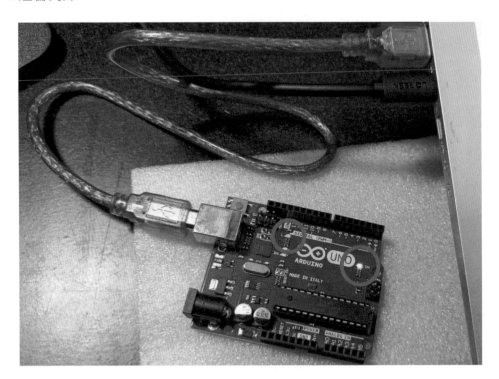

②　開啟桌面上的「 Arduino」
　　程式。

③ 詢問是否同意 Arduino
IDE 程式連線網路,請
按「允許存取」鈕。

④ 接 下 來 選 擇 對 應 的
Arduino 控 制 板,選 擇
功能表「工具 / 開發板 /
Arduino Uno」。

⑤ 選擇功能表「工具 / 序
列埠 / COM10(Arduino
Uno)」。

(要選擇有 Arduino Uno
的連接埠)

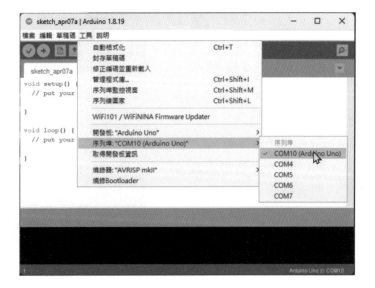

⑥ 選擇功能表「檔案 / 範例 / 01.Basics / Blink」，開啟 Blink 範例程式。

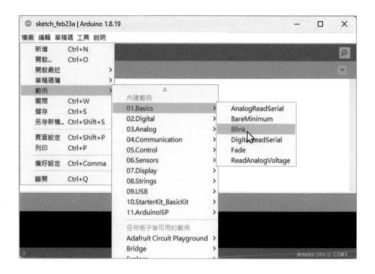

⑦ 按下工具列中的「☑ 驗證」鈕，若是程式語法沒有錯誤，會在下方顯示「編譯完畢」訊息。

⑧ 按下工具列中的「➔ 上傳」鈕，將程式上傳到 Arduino Uno 控制板，上傳成功會在顯示「上傳完成」訊息。可以看到 Arduino 控制板上的 RX 和 TX 二個燈會快速閃爍幾次。

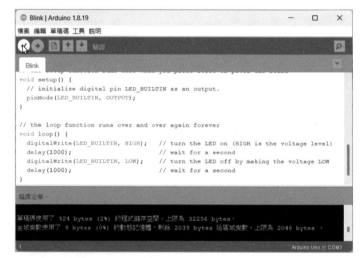

⑨ RX 和 TX 二個燈熄滅後，Arduino Uno 控制板的 L 燈（13 腳位）會開始閃爍，表示控制板已準備完成可以寫入 Arduino 程式了。

由上述流程可以了解 Arduino 的程式開發流程為：

1. 編寫程式碼：利用 Arduino IDE 編寫程式碼。

2. 驗證：檢查程式是否有錯誤，並進行編譯。

3. 上傳：透過 USB 串列埠將程式上傳燒錄到 Arduino 控制板。

4. 執行程式：Arduino 控制板依指令執行程式。

Arduino IDE 偏好設定

在使用 Arduino IDE 有提供「偏好設定」可以作個人化的環境設定，例如預設的文字真的太小了，編寫程式碼時，可以適度調整偏好設定，讓你的眼睛更加舒服。

① 選擇功能表「檔案 / 偏好設定」。

② 將編輯器字型大小設為【18】，並勾選「顯示行數」後，按「確定」鈕。

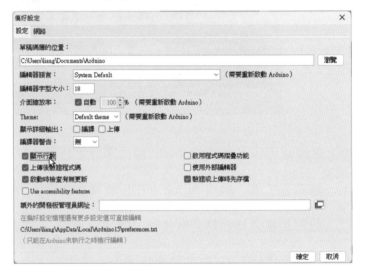

③ 程式碼的文字就變大了，而且每行的程式碼前方都有行號了，其實使用「Ctrl 鍵 + 滑鼠中間滾輪」也可以迅速調整文字大小。

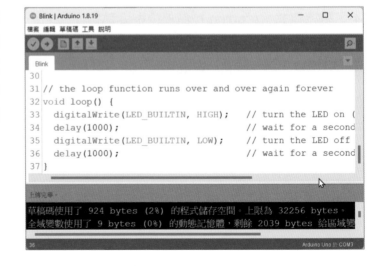

1-3-3 Arduino IDE 操作介面

在撰寫程之前，先介紹了解 IDE 操作畫面。

按鍵	說明
功能表	提供 Arduino IDE 所有功能，分別有「檔案／編輯／草稿碼／工具／說明」這 5 類。
✓	驗證：驗證並編譯程式碼
➔	上傳：將程式上傳到 Arduino 控制板。
▤	新增：新建一個空白的 Arduino 檔案。
↑	開啟：開啟 Arduino 內建範例或是電腦的檔案。
↓	儲存：儲存現在編輯的這個 Arduino 檔案。
⌕	序列埠監控視窗：打開序列埠監視工具。
Arduino Uno 於 COM10	檢測到的 Arduino 板以及端口號會顯示在這裡。

1-4 Arduino C 程式語法

1-4-1 Arduino 的程式語法

Arduino C 是一種基於 C 語言的編程語言,它專門為 Arduino 控制板設計,有一些相似於 C 語言的語法和程式庫。

以下是 Arduino C 的一些常用的程式語法:

程式語法	說明
setup() 和 loop() 函數	這是程式的主要結構。setup() 函數用於初始化設置,而 loop() 函數則是一個無限迴圈,其中包含要執行的程式碼。
數字和變數	支持整數、浮點數和文字型變數。變數可以使用關鍵字 "int"、"float" 或 "char" 聲明。
運算元	除了有常見的算術運算元(如加減乘除)外,還有比較運算元,如等於、大於、小於等。
條件語句	支持 if、else、else if 等條件語句,用於控制程式碼的執行流程。
迴圈語句	支持 for 和 while 等迴圈語句,用於重複執行程式碼區塊。
函數	支持自定義函數,可以重複使用代碼塊,提高代碼的可讀性和可維護性。
程式庫套件	有許多程式庫套件,可以輕鬆地添加功能到程式碼中,用來控制 LED、馬達、蜂鳴器等。

綜合以上所述,Arduino C 是一種基於 C 語言的編程語言,它具有與 C 語言相似的語法和運算元,同時還有大量的 Arduino 程式庫套件。如果你熟悉 C 語言,那麼學習 Arduino C 將會很容易。

setup() 和 loop() 函數

setup() 和 loop() 函數是 Arduino C 程式的主要結構。

- setup() 函數是在 Arduino 控制板啟動時執行一次的函數，通常用來初始化設置，例如設置輸入輸出腳位、設置序列埠通訊等。

- 而 loop() 函數則是一個無限迴圈，是主程式執行的程式碼。loop() 函數一旦啟動，就會不斷地重複執行，直到 Arduino 控制板關閉或關掉電源。

例如，以下是一個簡單的 Arduino C 程式：

```
void setup() {
  pinMode(13, OUTPUT);
}
void loop() {
  digitalWrite(13, HIGH);
  delay(1000);
  digitalWrite(13, LOW);
  delay(1000);
}
```

這個程式使用了 setup() 函數來初始設置。

- 設置 13 號引腳為輸出模式。

然後，在 loop() 函數中，一再重複執行以下程式（LED 燈以 1 秒的間隔閃爍）。

- 用 digitalWrite() 函數將 13 號引腳設置為高電位（即將 LED 燈亮起）。

- 使用 delay() 函數延遲 1 秒。

- 將 13 號引腳設置為低電位（即讓 LED 燈熄滅）。

- 用 delay() 函數延遲 1 秒。

所以，Arduino C 程式的主要結構是由 setup() 函數和 loop() 函數組成的，setup() 函數用於初始化設置，loop() 函數則是一個無限循環，其中包含要執行的程式碼。

1-4-2 資料型態與常數變數

資料型態

Arduino 程式語言所能處理的資料種類分別有數值（含整數及浮點數）、字元和布林值等資料。

資料型態	說明
整數（int）	整數範圍為 -32768 到 32767
浮點數（float）	帶有小數的數值，範圍為 -3.4028235E＋38 到 3.4028235E＋38
字元（char）	單一字母及阿拉伯數字，如小寫 'a'，'b'、大寫 'A'，'B'、數字 '1'，'2'
布林值（boolean）	只有二種值 true（真）、false（假）
空	沒有東西

常數與變數

常數是指定一個固定的數值，程式執行中不能改變，在 Arduino 程式中許多常用的數值教採常數來使用，例如電路中的低電壓值 =0、高電壓值 =1，就採用常數的 **LOW(0)** 和 **HIGH(1)** 來代表。數學中也常用如圓周率為 3.1415926，就可以設定常數 PI=3.1415926，以後程式中就可以用**常數 PI** 來代替 3.1415926 這個數值。

變數是程式中用來存放資料的容器，裡面可以是空的，也可以存放數字或文字資料。執行程式時，我們可以將資料暫時儲存於變數中，就像數學中的代數 x, y, z。

變數

變數

變數

一個變數只能存放一筆資料，當放入新的資料時，舊的資料就會被覆蓋並取代，只留下最近放入的資料。

變數使用前要先宣告它的資料型態，變數經過宣告後，會在記憶體配置空間儲存此變數，變數宣告語法為：

型態　變數名稱 [= 預設值];

Arduino C 支援整數、浮點數和字元型別的變數。變數使用關鍵字 "int"、"float" 或 "char" 來宣告。

例如，以下程式碼宣告了三個變數：

```
int a = 10;
float b = 3.14;
char c = 'A';
```

在這個例子中：

- 變數 a 被宣告為整數型別，初始值為 10。
- 變數 b 被宣告為浮點數型別，初始值為 3.14。
- 變數 c 被宣告為字元型別，初始值為 'A'。

除了宣告變數外，還可以對變數進行算術運算、比較運算和邏輯運算等操作。例如：

```
int a = 10;
int b = 5;
int c = a + b;  // c 的值為 15
if (a > b) {
   // 執行此處的程式碼
}
```

在這個例子中，變數 c 被賦值為 a 和 b 的和，即 10 + 5 = 15。邏輯判斷語句 if (a > b) 用於比較變數 a 和 b 的值，如果 a 大於 b，則會執行 if 語句塊中的程式碼。

總之，Arduino C 支援整數、浮點數和字元型別的變數，可以對變數進行算術運算、比較運算和邏輯運算等操作。

變數的命名必須遵守以下規則：

- 變數名稱為英文字母、數字及底線 _ 。
- 變數名稱開頭不可為數字或特殊符號（如：@、\、~ 等）。
- 變數名稱大小寫代表不同，如 abc 和 ABC 代表二個不同的變數。
- 變數不可以是 Arduino 的保留字，如 HIGH、LOW、INPUT、OUTPUT 等。

1-4-3 運算式

Arduino C 程式的運算式由「運算元」和「運算子」所組成。

- 運算子：用來指定資料作哪一種運算，ArduinoC 的運算子有算數、比較、布林、位元和複合運算子 5 種。
- 運算元：用來進行運算的資料。

如下例 3+4 中，「3」和「4」是運算元，而「+」是運算子。

```
3 + 4
```

算術運算子

算術運算子主要用於一般數學運算。

運算子	說明	範例	結果
+	相加	15+2	17
-	相減	15-2	13
*	相乘	15*2	30
/	相除	15/2	7.5
%	取餘數	15%2	1

比較運算子

比較運算子主要用於比較甲、乙二個運算式，若二者符合條件，則傳回 true(1) 值，否則傳回 flase(0) 值。

運算子	說明	範例	結果
==	甲等於乙	(3+4) == (2+5)	true
!=	甲不等於乙	(3+4) != (2+5)	false
>	甲大於乙	(3+4) > (2+5)	false
<	甲小於乙	(3+4) < (2+5)	false
>=	甲大於等於乙	(3+4) >= (2+5)	true
<=	甲小於等於乙	(3+4) <= (2+5)	true

邏輯運算子

邏輯運算子是結合多個比較運算式來判斷最後結果，如果邏輯判斷為真時，則傳回 true(1) 值，如果邏輯判斷為假時，傳回 flase(0) 值，若有算式未定義，傳回 null。

運算子	說明	範例	結果
! 非	非，傳回和原來比較結果相反的值。	! (2>3)	true
&& 且	且，只有左右比較二個都是 true 時，才成立 (True)	(2<3) &&(4<5) (2>3) && (4<5)	true false
|| 或	或，只要左右比較其中有一個是 True 時，就成立 (True)	(2>3) ||(4<5) (2>3) || (4>5)	true false

複合指定運算子

程式中要將變數作規律性的改變時，常會使用複合指定運算子。原本要將變數 x 增加 2 時，我們會這樣子寫：

```
x = x + 2
```

若是改採用複合指定運算子,就將運算子置於「=」前方來取代重複的 x 變數,所以就會變成這樣子寫:

```
x += 2
```

也就表示複合指定運算子同時作了「運算 x+2」和「指定給 x」這二件事,所有的算術運算子(如 +-*/)都可以使用為複合指定運算子。

另外還有 ++ 和一這 2 種:

```
X++ 等同於 X = X + 1
X-- 等同於 x = x - 1
```

1-4-4 流程控制

Arduino 的主要流程控制結構有三種:循序結構、選擇結構、重複結構。

循序結構

循序結構是由上而下,依序按照一個指令、一個指令逐步執行,這是最基本的結構。

Arduino 任何的程式碼指令都稱為敘述,敘述以分號(;)作為結束。

```
sum = sum + 1 ;
```

有的敘述不止一行,所以會使用程式區塊(或稱複合敘述)來處理,程式區域由一組大括號所組成,內含數行程式碼,但大括號後面不可以再加上分號。

```
{
    a = 1;
    b = 2;
}
```

程式撰寫時,可以適當的加上註解,除了增加程式的可讀性之外,也可以幫助自己未來修正錯誤的資訊。註解有 2 種方式,分別為:

```
// 我是一行註解
/* 我是
    多行註解 */
```

選擇結構（判斷結構）

程式的設計常會遇到需作一些判斷，再依照判斷的結果來選擇不同的流程，這種選擇結構也稱之為判斷結構。Arduino C 提供了幾種選擇結構，如 if、else if 和 else，用於根據條件執行不同的程式碼，增加了程式的靈活性和可讀性。

if 語句用於判斷一個條件是否為真，如果條件為真，則執行 if 語句塊中的程式碼，否則跳過 if 語句塊。例如：

```
int a = 10;
if (a > 15) {
  // 執行程式碼
}
```

在這個例子中，if 語句用於判斷變數 a 是否大於 15，如果條件成立，則會執行 if 語句塊中的程式碼。

else if 語句用於在 if 語句之後檢查其他條件，例如：

```
int a = 10;
if (a > 15) {
  // 執行程式碼 1
} else if (a > 5) {
  // 執行程式碼 2
} else {
  // 執行程式碼 3
}
```

在這個例子中，if 語句用於判斷變數 a 是否大於 15，如果條件成立，則執行 if 語句塊中的程式碼 1。如果條件不成立，則會繼續執行 else if 語句，判斷變數 a 是否大於 5。如果條件成立，則會執行 else if 語句塊中的程式碼 2。如果所有的條件都不成立，則會執行 else 語句塊中的程式碼 3。

總之，Arduino C 提供了幾種條件結構，如 if、else if 和 else，用於根據條件執行不同的程式碼。這些語句可以讓程式根據不同的情況進行不同的操作。

重複結構（迴圈）

重複結構常用迴圈來執行重複的指令，Arduino C 支援幾種迴圈語句，如 for、while 和 do-while，用於重複執行一段程式碼，直到條件不再成立。這些語句可以讓程式自動執行一些重複性的操作，減少了程式設計的工作量。

for 迴圈

for 迴圈應用於固定次數的迴圈，語法為：

```
for ( 初始值 ; 條件式 ; 增量計數 ){
    程式區塊 ;
    [break;]
}
```

執行 for 迴圈時，每執行一次就會依增量計數來改變變數值。

for 迴圈用於指定一個計數器，並重複執行一段程式碼，直到計數器達到指定的值。例如：

```
for (int i = 0; i < 10; i++) {
  // 執行此處的程式碼
}
```

在這個例子中，for 語句用於指定一個計數器 i，並重複執行 for 語句塊中的程式碼，直到 i 的值達到 10。每次執行 for 語句塊後，計數器 i 會自動加 1。

while 迴圈

while 迴圈主要是應用在沒有固定次數的情況，其語法為：

```
while ( 條件式 ){
    程式區塊
}
```

如果條件式的結果是 True 就執行程式區塊，如果結果是 False, 就離開迴圈。

所以 while 迴圈用於重複執行一段程式碼，直到指定的條件不再成立。例如：

```
int i = 0;
while (i < 10) {
  // 執行此處的程式碼
  i++;
}
```

在這個例子中，while 語句用於重複執行 while 語句塊中的程式碼，直到變數 i 的值達到 10。在每次執行 while 語句塊時，變數 i 會自動加 1。

另外 do-while 迴圈類似於 while 迴圈，但是它先執行一次循環，然後再檢查條件是否成立。例如：

```
int i = 0;
do {
  // 執行此處的程式碼
  i++;
} while (i < 10);
```

在這個例子中，do-while 語句用於先執行 do-while 語句塊中的程式碼，然後再檢查變數 i 的值是否小於 10。如果條件成立，則繼續執行 do-while 語句塊，否則跳出迴圈。

1-4-5 函數

內建函數

Arduino C 是一種特殊版本的 C 語言，專門為 Arduino 平台設計，因此在 Arduino C 中有許多內建的函數可供使用。以下是 Arduino C 中常用的一些內建函數：

- pinMode（pin, mode）：設置引腳的輸入／輸出模式。

- digitalWrite（pin, value）：將引腳設置為 HIGH 或 LOW。

- digitalRead（pin）：從引腳讀取值，返回 HIGH 或 LOW。

- analogRead（pin）：從模擬引腳讀取值，返回 0~1023 之間的數值。

- analogWrite（pin, value）：將模擬引腳設置為 PWM 輸出模式，並設置 PWM 的占空比。

- delay（ms）：延遲指定的毫秒數。

- millis()：返回系統運行的時間，以毫秒為單位。

- Serial.begin（baudrate）：初始化序列埠通訊。

- Serial.println()：向序列埠輸出一行文字。

這些內建函數可以讓開發人員更加方便地控制 Arduino 硬體，加快開發速度。開發人員還可以使用許多其他的函數，這些函數都可以在 Arduino 的官方文檔中找到。

自定函數

自定函數是一段可以被重複使用的程式碼塊，可以接受輸入參數並返回值。函數的定義通常包括函數名稱、輸入參數和返回值類型等。例如：

定義了一個名為 add 的自定函數，它接受兩個 int 型的輸入參數 a 和 b，並返回它們二數相加的值。函數的返回值類型為 int。

```
int add(int a, int b) {
  return a + b;
}
```

自定函數的使用通常包括函數名稱和輸入參數的值，例如：

```
int result = add(2, 3);
```

在這個例子中，使用了 add 的自定函數，傳遞了兩個值 2 和 3 作為輸入參數，並將函數返回的值賦值給變數 result。

1-5 程式庫（Library）安裝及管理

在撰寫 Arduino 程式時，因應使用不同的電子元件，常會需要匯入配合該電子元件的程式庫（Library），所謂的程式庫就是平時的我們常說的函式庫或程式庫。而因為安裝各家第三方的程式庫時，可能有時會發生函數相衝突的情形。這時就要對程式庫進行管理維護，將現在沒有使用的程式庫移除，未來要使用時再進行安裝。

1-5-1 程式庫安裝

現在我們先來介紹程式庫的安裝方法，其實 Arduino C 還能支援另一種 ESP32 控制板，因為待會練習後會再刪掉所安裝的程式庫，所以故意來裝一個 ESP32 的程式庫作練習。

① 選擇功能表中「工具 /
   管理程式庫」。

② 在搜尋處填入【analogWrite】後，會自動搜尋到各種支援 analogWrite 的程式庫，在各程式庫中會註明作者及簡單說明，若是要再詳細資訊就要點選「More info」來查看。

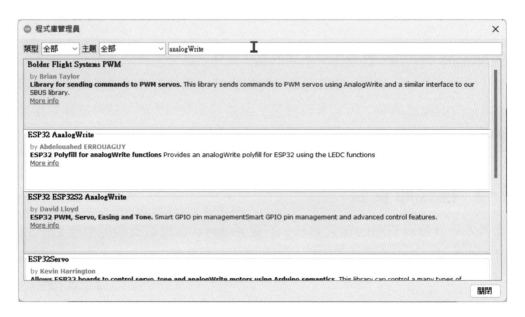

③ 在要安裝的程式庫中，可以選擇所要安裝的版本（通常是最新版本），按「安裝」鈕。

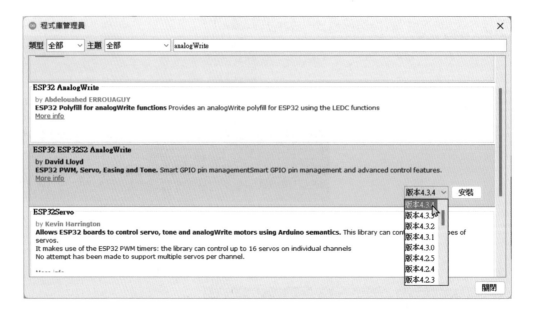

④ 完成安裝會呈現「INSTALLED」訊息,按「關閉」鈕結束安裝。

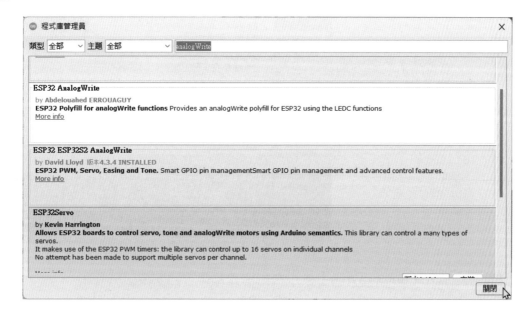

1-5-2 程式庫管理及使用

安裝好的程式庫要如何使用呢?若是安裝的版本不符合使用時要怎麼辦?因為有時部分的控制板太老舊了,只有在舊的程式庫版本才有支援。

 第三方程式庫是因為使用者(也就是我們)是第一方、Arduino IDE 是第二方,所以其他公司或其他人所設計的程式庫就程為第三方程式庫。

程式庫版本管理

介紹將程式庫更換為舊的版本的方法。

① 選擇功能表中「工具 /
管理程式庫」。

② 在搜尋處填入【analogWrite】後，在類別處選擇「已安裝」。

③ 它現在安裝的版本是 4.3.4 版本，請選擇舊的版本 4.2.5 版，按「安裝」鈕。

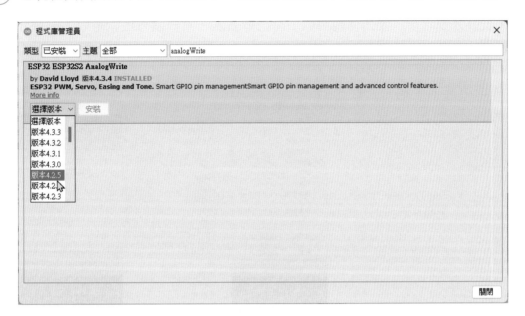

④ 可以看到現在的程式庫版本為 4.2.5 版了，按「關閉」鈕結束。

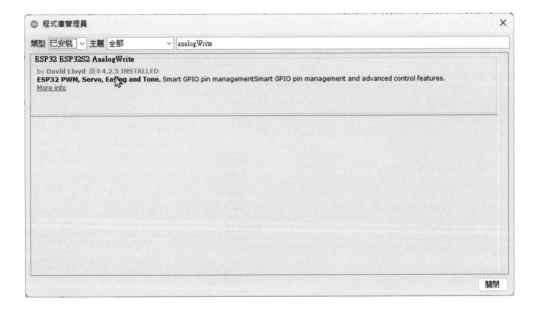

程式庫的使用範例

程式庫安裝完成之後，要如何使用呢？有二個方法，第一個方法就是像上一單元程式庫版本管理的查詢「More info」，另一個方法就是看程式庫提供的範例。

(1) 選擇功能表「檔案 / 範例」。

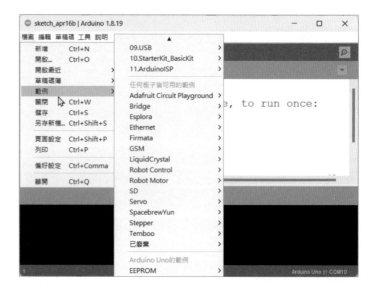

(2) 在範例中往下找「不相容」中的「ESP32 ESP32S2 AnalogWrite」中的任一範例。

③ 可以由範例中學習如何使用這個 Fade 程式庫的用法。

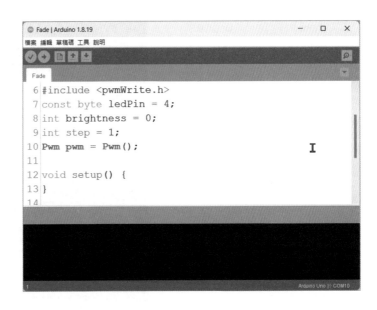

1-5-3 程式庫移除

剛才的練習中安裝了不相容的程式庫，現在就來練習把它移除掉。

① 打開檔案總管，點擊「文件 / Arduino」資料夾。

② 再點擊打開「libraries」資料夾。

③ 這兒就會列出所有安裝的程式庫。

④ 點選「ESP32_ESP32S2_AnalogWrite」資料夾後，按滑鼠右鍵，選擇「刪除」鈕或按「Delete」鍵。

⑤ 要確定是否完成程式
庫移除前,要先關閉
Arduino IDE 再重新啟
動它,請選擇功能表
「檔案 / 離開」。

⑥ 選擇功能表「檔案 / 範例」,可以看到已經找不到剛才那個範例了。

1-6 電子元件及電路接線入門

Arduino 控制板搭配各種電子元件可以發揮多種好用的功能，學習各個電子元件彼此的連結與搭配，實現您無窮的創意構想。從製作小遊戲與網頁互動設計到 GPIO 進階控制，所有好玩好學的都在這裡。

1-6-1 基本電路說明

由 Arduino 控制板與電子元件都需要通電才能運行，本單元先介紹幾個基本電學及電路的知識，下一個單元再來進入實作練習。

電壓、電流與電阻

電壓也稱為電位差（單位：伏特 V），在電路中由高電位往低電位流動，進而產生電流（單位：安培 A），在 Arduino 控制板及電子元件都有其可承受的電壓及電流範圍數值，高於該值可能造成毀損、低於該值則會無法正常工作。

例如把 LED 燈加入電路接線時，若是直接接上電源時，往往會因為電流過大而造成 LED 燈燒毀，為了讓輸入的電壓或電流在安全可運作的數值範圍內，最常使用的方法是在電路上加入適當的電阻（單位：歐姆 Ω）來保護。

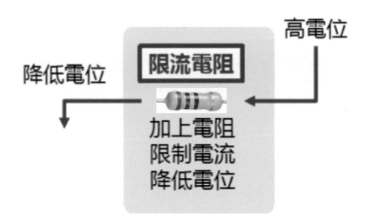

例如在電路上放上的紅色 LED 燈（電壓範圍 2.1 - 2.6V），而 Arduino Uno 控制板上只提供 5V 或 3.3V 的電，所以基本上是電壓是過高了，所以為了避免 LED 燒掉，我們必須加上電阻來保護它。

但需要的電阻值是多少呢？可以透過「歐姆定律（Ohm's law）」計算出來。

歐姆定律是指電路中流動的電流與施加的電壓成正比，與電路中的電阻成反比。

$$電阻\left(R\ 歐姆\right) = \frac{電壓(V\ 伏特)}{電流(I\ 安培)}$$

如果提供控制板上 5V 的電，LED 的電壓假設為 2V，就多出來了 3V，而電阻的作用就是把這 3V 給消除掉。

紅色 LED 燈需要的電流大約是 0.02A，所以計算結果如下：

```
R = (5-2) / 0.02 = 150 歐姆 (Ω)
```

為了保護 LED 燈不被燒毀，加上的電阻數值大於或等於 150 歐姆的電阻就可以了。但一般 Arduino 套件中最小的電阻通常是 220 歐姆，基本上大一點也是 OK 的。但並不是電阻數值越大越好，因為過高的電阻值是會影響 LED 燈的亮度的，造成亮度過暗或不亮。

電子元件接線

以上述的例子，電路上放上的紅色 LED 燈時，則接線方法如下：

- 把 LED 燈的長腳及短腳分別插入麵包板中。
- 把控制板上的 GND 腳位用杜邦線連接到接到 LED 燈的短腳（負極）。
- 把電阻的一端接到 LED 的長腳（正極），電阻另一端用杜邦線接到控制板的 5V 腳位。

 註 電阻不分正負極。

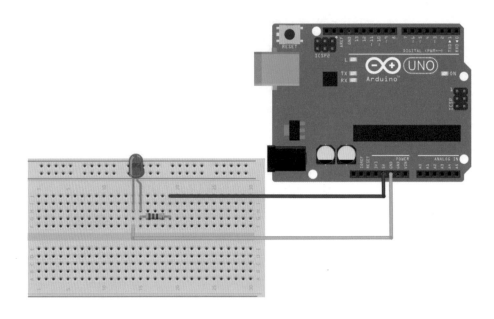

1-6-2 電阻零件及麵包板

電阻

通常販售電阻的商家會在電阻產品上貼上 10K、1K、330Ω、220Ω 等標記，但是若是隨手拿到一個電阻時，因為電阻的樣子都很像，如何判別該電阻元件的數值大小呢？

電阻是一種常用的電子元件，常見的色環種類有 4 環、5 環及 6 環，可以透過電阻上標示的色環顏色來判斷其電阻值。

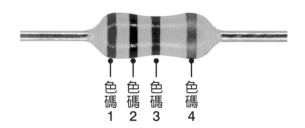

電阻的數值是以由左而右的色碼作為參考，以下是四環及五環電阻的色環顏色對應表：

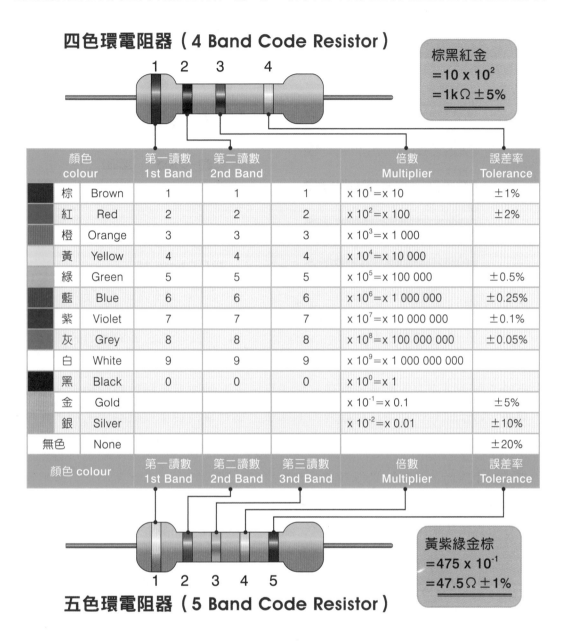

四色環電阻器（4 Band Code Resistor）

棕黑紅金
$= 10 \times 10^2$
$= 1k\Omega \pm 5\%$

	顏色 colour		第一讀數 1st Band	第二讀數 2nd Band		倍數 Multiplier	誤差率 Tolerance
	棕	Brown	1	1	1	$\times 10^1 = \times 10$	$\pm 1\%$
	紅	Red	2	2	2	$\times 10^2 = \times 100$	$\pm 2\%$
	橙	Orange	3	3	3	$\times 10^3 = \times 1\,000$	
	黃	Yellow	4	4	4	$\times 10^4 = \times 10\,000$	
	綠	Green	5	5	5	$\times 10^5 = \times 100\,000$	$\pm 0.5\%$
	藍	Blue	6	6	6	$\times 10^6 = \times 1\,000\,000$	$\pm 0.25\%$
	紫	Violet	7	7	7	$\times 10^7 = \times 10\,000\,000$	$\pm 0.1\%$
	灰	Grey	8	8	8	$\times 10^8 = \times 100\,000\,000$	$\pm 0.05\%$
	白	White	9	9	9	$\times 10^9 = \times 1\,000\,000\,000$	
	黑	Black	0	0	0	$\times 10^0 = \times 1$	
	金	Gold				$\times 10^{-1} = \times 0.1$	$\pm 5\%$
	銀	Silver				$\times 10^{-2} = \times 0.01$	$\pm 10\%$
無色		None					$\pm 20\%$
顏色 colour			第一讀數 1st Band	第二讀數 2nd Band	第三讀數 3nd Band	倍數 Multiplier	誤差率 Tolerance

黃紫綠金棕
$= 475 \times 10^{-1}$
$= 47.5\Omega \pm 1\%$

五色環電阻器（5 Band Code Resistor）

若是覺得對照顏色較為麻煩，也可以在線上直接選擇色環的顏色就可以得到答案。

- DigiKey 電阻計算器：

  https://www.digikey.com/en/resources/conversion-calculators/conversion-calculator-resistor-color-code-4-band

以下為使用網站計算到剛才接線時使用的五環電阻值：

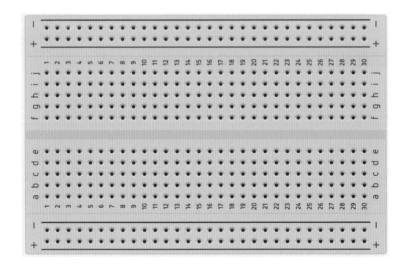

麵包板

麵包板的名稱由來是在早期真空管電路的年代，因為當時電子元件體積較大，所以常使用螺絲、釘子將它們固定在切麵包用的木板上進行電路連接，雖然後來電子元件體積變小，但麵包板的名稱就沿用至今。

當建立一個電路時，麵包板是最基本的元件之一。麵包板子上有許多小孔，各種電子元件可以根據需要隨意插入或拔出，省去了焊接的程序並節省組裝電路的時間，而且電子元件可以重複使用，所以很適合電子電路的組裝、測試和訓練。

麵包板上通常有電源軌和接線軌二部分：

- 電源軌：麵包板的上下分別有二列插孔，整列是連通的。

  ◆ 一行標有「＋」符號為正極，作為**電源引入**的通路，利用杜邦線連接 Arduino 控制板的紅色電源（＋）端或稱 **VCC 端**。

  ◆ 一行標有「-」符號為負極，作為**電路接地**的通路，利用杜邦線連接 Arduino 控制板的黑色接地（-）端或稱 **GND 端**。

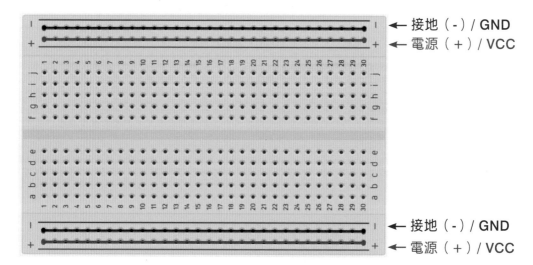

- 接線軌：分為上下兩區，主要用來插電子元件和杜邦線。

  ◆ 在同一行中的 5 個插孔（即 **abcde** 或 **fghij**）是**互相連通**。

  ◆ 但行與行之間（即 1 至 30 行）彼此是不連通的，而且上下區域之間，也就是 e 點和 f 點，也是不連通的。

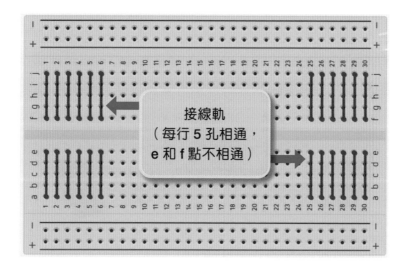

接線軌
（每行 5 孔相通，
e 和 f 點不相通）

麵包板的種類常見的有正常麵包板、小型麵包板及迷你麵包板,正常及小型麵包板的差別只是孔數不同,但是使用方法是相同的。

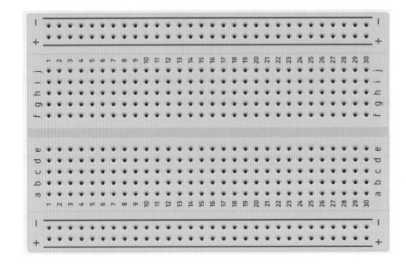

而迷你麵包板常應用在較小型的環境,它沒有接地軌及電源軌,只有接線軌而已。

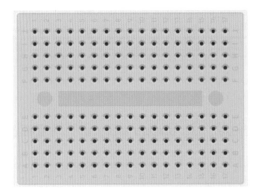

杜邦線

杜邦線通常拿到時會是好幾條線併在一起,其實每條線都可以撕開獨立使用,杜邦線中每一條線功能都相同,用來連接電路讓電流通過,杜邦線上顏色主要是作為識別之用。

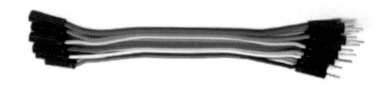

02

電子元件篇

在本書的教學中使用到學習套件，讀者可以到電子材料行自行選購，或是直接到網路購買，「Arduino Uno R3 創客學習套件（含 RFID 入門進階全配新版）」就是初學者最佳選擇，包含 Arduino 控制板及多種電子元件，可學習各個電子元件的連結與搭配，總項目超過 40 項，比單項購買還划算！

內裝的套件清單及實物圖示如下：

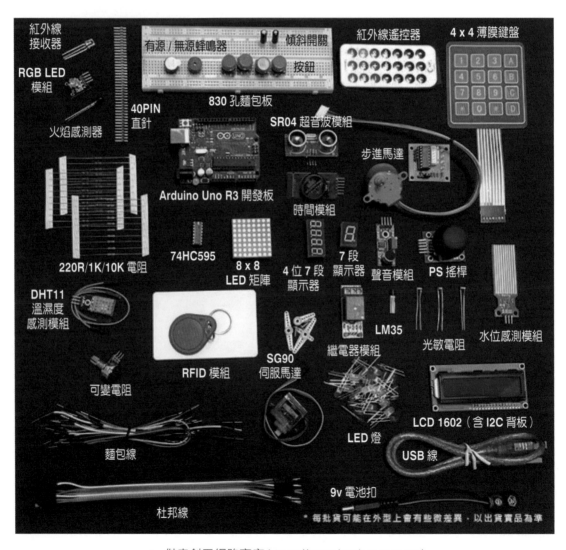

▲ 傑森創工網路商店 https://www.jmaker.com.tw/

▶ **套件清單**

項目	品名	數量	項目	品名	數量
1	Arduino Uno R3 開發板	1	23	DHT11 溫濕度感測模組	1
2	USB 線	1	24	HC-SR04 超音波模組	1
3	按鍵開關（含大尺寸鍵帽）	1	25	水位感測模組	1
4	RFID 門禁感應主板	1	26	聲音感測模組	1
5	RFID 門禁感應白卡	1	27	RTC 時鐘模組（附電池）	1
6	RFID 門禁異形卡（磁扣）	1	28	火焰感測器	1
7	七段 LED 顯示器	1	29	RGB LED 模組	1
8	四位七段 LED 顯示器	1	30	LED 紅	10
9	1602 12C LCD 液晶顯示器	1	31	LED 綠	10
10	PS2 搖桿模組	1	32	LED 藍（或白）	10
11	紅外線遙控器	1	33	傾斜（滾珠）開關	2
12	4 x 4 薄膜鍵盤	1	34	10k 或 100k 可變電阻	1
13	8 x 8 LED 點矩陣	1	35	74HC595	1
14	大型麵包板	1	36	LM35	1
15	彩色麵包線一綑（30+）	1	37	光敏電阻	1
16	杜邦線（10p）	1	38	紅外線接收器	1
17	步進馬達	1	39	1*40 直針	1
18	步進馬達驅動板	1	40	1K 電阻	10
19	9g 伺服馬達	1	41	10K 電阻	10
20	有源蜂鳴器	1	42	220R 或 330R 電阻	10
21	無源蜂鳴器	1	43	9v 電池扣	1
22	繼電器模組	1	44	雙層置物盒	1

2-1 控制板內建 LED 燈

2-1-1 實作說明

Arduino 控制板有內建 1 個 LED 燈,設計一個程式,讓控制板上的 LED 燈燈亮 / 燈暗各一次。

2-1-2 觀念解說

Arduino 常用函式

Arduino C 函式是指在 Arduino 平台上使用的 C 語言函式,用來對 Arduino 控制板的數位 / 類比腳位進行連線,透過傳送的訊號控制電子元件的各種動作。

以下是一些常使用的 Arduino C 函式指令,先作簡單的介紹,可以有助於後續的學習。

pinMode()

用於設定特定腳位的輸入或輸出模式,有 2 個參數,語法為:

```
pinMode(pin, mode)
```

- pin:代表要設定的腳位,可以是數字或常數。
- mode:設定為輸入模式使用 INPUT;輸出模式為 OUTPUT。

例如,要設定腳位 2 為輸入模式,可以使用以下程式碼:

```
pinMode(2, INPUT);
```

如果要設定腳位 3 為輸出模式,可以使用以下程式碼:

```
pinMode(3, OUTPUT);
```

這個指令會告訴 Arduino，你要使用哪些腳位來連接電子元件，並設定這些腳位是用來讀取或輸出信號。這個指令常使用程式的 setup() 函式中作初始化設置，以確保主程式在執行之前已經設定好所有需要的腳位。

delay()

用於延遲指定毫秒數（ms）的時間，有 1 個參數，語法為：

```
delay(ms)
```

● ms：延遲的毫秒數。

例如，想要延遲 500 毫秒，可以使用以下程式碼：

```
delay(500);
```

這個指令會讓 Arduino 暫停執行程式，等待指定的毫秒數，然後再繼續執行下一行程式碼。這個指令通常用於控制程式執行的時間，等待一段時間後再進行下一個動作，如控制馬達轉動的時間長度等。

需要注意的是，使用 delay() 指令會造成程式暫停執行，因此在延遲的時間內 Arduino 將無法執行任何其他操作。如果需要同時控制多個輸出，可以使用非阻塞延遲的方式，例如使用 ‘millis()’ 函式來控制延遲時間。

digitalWrite()

用於將指定數位腳位（pin）的電位值設置為 HIGH 或 LOW，有 2 個參數，語法為：

```
digitalWrite(pin, value)
```

● pin：代表要設置的數位腳位，可以是數字或常數。

● value：要將該腳位的電位設置為 HIGH 或 LOW 值。

　◆ HIGH：代表 1 值，也就是輸出電壓 5V 或 3.3V

　◆ LOW：代表 0 值，也就是輸出電壓為 0V

例如，要將腳位 3 設置為高電位，可以使用以下程式碼：

```
digitalWrite(3, HIGH);
```

如果要將腳位 2 設置為低電位，可以使用以下程式碼：

```
digitalWrite(2, LOW);
```

這個指令常用於控制 Arduino 的輸出，如 LED 的亮與暗等。這個指令常在 loop() 函式主程式中使用，以控制輸出不同的狀態。

digitalRead()

用於讀取指定數位腳位（pin）的電位值，並返回該腳位的狀態，有 1 個參數，語法為：

```
digitalRead(pin)
```

● pin：要讀取的數位腳位。

例如，要讀取腳位 2 的電位狀態，可以使用以下程式碼：

```
int state = digitalRead(2);
```

這個指令會讀取腳位 2 的電位，並返回該腳位的狀態，可以是 HIGH（高電位）或 LOW（低電位）。在上面的程式碼中，變數 state 將會儲存腳位 2 的狀態。

這個指令通常用於讀取 Arduino 的數位輸入，例如讀取開關的狀態、讀取感測器的數值等等。需要注意的是，讀取的腳位必須事先被設定為輸入模式（INPUT）才能夠正確讀取腳位的電位狀態。

analogWrite()

用於將指定腳位（pin）的 PWM 訊號的佔空比設置為指定的值（value），有 2 個參數，語法為：

```
analogWrite(pin, value)
```

● pin：代表要設定的腳位，可以是數字或常數。

● value：代表你要設定的脈寬調變（PWM）的佔空比，值為 0~255 之間的整數。

 佔空比越高，輸出的訊號就越接近高電位（5 伏特）；佔空比越低，輸出的訊號就越接近低電位（0 伏特）。

例如，要將腳位 3 的 PWM 訊號設置為一半的佔空比，可以使用以下程式碼：

```
analogWrite(3, 127);
```

這個指令通常用於控制 Arduino 的類比輸出，例如控制 LED 的亮度、控制馬達的轉速等等。需要注意的是，只有特定的腳位（類比 A0~A5 及數位 3,5,6,9.10,11）支援 PWM 輸出。

analogRead()

用於讀取指定腳位（pin）的類比電壓值，並返回該腳位的數值，有 1 個參數，語法為：

```
analogRead(pin)
```

● pin：要讀取的數位腳位。

例如，要讀取腳位 0 的類比電壓值，可以使用以下程式碼：

```
int val = analogRead(0);
```

這個指令會讀取腳位 0 的類比電壓，並返回一個介於 0~1023 之間的整數值。0 代表沒有電壓，1023 代表最大電壓（3.3V 或 5V）。在上面的程式碼中，變數 val 將會儲存類比輸入的數值。

這個指令通常用於讀取 Arduino 的類比輸入，例如讀取感測器的數值、讀取旋鈕的位置等等。要注意的是，讀取的類比腳位必須事先被設定為輸入模式（INPUT）才能夠正確讀取腳位的電壓值。

Serial.begin()

用於初始化序列埠通信的設定，並設置波特率（baudrate），有 1 個參數，語法為：

```
Serial.begin(baudrate)
```

● baudrate：序列埠通信的速率（又稱為波特率），常用的波特率值有 9600、115200。

 波特率指的是每秒傳輸的位元數量。

例如，想要設置波特率為 9600，可以使用以下程式碼：

```
Serial.begin(9600);
```

這個指令通常用於初始化 Arduino 的序列埠通信，例如與電腦進行通信、與其他裝置
進行通信等等。

需要注意的是，在使用 Serial 通信之前，必須先使用 'Serial.begin()' 指令來初始化
序列埠通信的設定，否則可能無法正確傳輸資料。另外，在使用 Serial 通信之前，還
需要設置序列埠通信的輸入和輸出腳位，通常是使用 Serial.print() 和 Serial.read() 指
令來進行輸出和輸入操作。

Serial.print(value)

用於向序列埠輸出指定的值（value），有 1 個參數，語法為：

```
Serial.print(value)
```

- value：要輸出的值，可以是數字、字串、變數等。

例如，想要向序列埠輸出一個整數值，可以使用以下程式碼：

```
int value = 123;
Serial.print(value);
```

這個指令會將整數值 123 輸出到序列埠。在上面的程式碼中，變數 value 包含要輸出
的數字，Serial.print() 指令會將這個數字轉換為字串，並將字串輸出到序列埠。

如果要輸出字串，可以直接將字串作為參數傳遞給 'Serial.print()' 指令，例如：

```
Serial.print("Hello World!");
```

這個指令會將字串 "Hello World!" 輸出到序列埠。

這個指令通常用於向電腦或其他裝置輸出資料，例如向電腦軟體輸出感測器的數值、
向 LCD 顯示器輸出訊息等等。

需要注意的是，使用 Serial.print() 指令之前，必須先使用 Serial.begin() 指令來初始化序列埠通信，否則可能無法正確傳輸資料。

另外在使用 Serial.print() 指令輸出字串時，字串必須用雙引號（""）括起來才不會編譯錯誤。

Serial.readString()

用於從序列埠讀取字串資料，沒有參數，語法為：

```
Serial.readString()
```

Serial.readString() 指令它會等待序列埠接收到完整的字串資料後，將資料以字串形式返回。

例如，如果你想要從序列埠讀取一個字串，可以使用以下程式碼：

```
String data = Serial.readString();
```

這個指令會等待序列埠接收到完整的字串資料，然後將資料以字串形式返回，並儲存在變數 data 中。

這個指令通常用於從電腦或其他裝置讀取資料，例如從電腦軟體讀取命令、從藍牙模組讀取資料等等。

需要注意的是，在使用 Serial.readString() 指令之前，必須先使用 Serial.begin() 指令來初始化序列埠通信，並確保序列埠上有完整的字串資料可供讀取，否則可能會導致程式阻塞或錯誤。

另外，如果接收到的資料中包含換行符號（\n），則 Serial.readString() 指令會將換行符號當作字串結束的標誌，並將之前接收到的資料返回。

2-1-3 接線說明

本例的 LED 燈已內建在控制板上,故不用接線。

2-1-4 程式引導說明

完整程式碼

```
1   void setup() {
2      pinMode(13, OUTPUT);
3   }
4
5   void loop() {
6     digitalWrite(13, 1);
7     delay(1000);
8     digitalWrite(13, 0);
9     delay(1000);
10  }
```

程式解說

以上程式碼用於控制 Arduino 板上的 LED 燈閃爍，下面是程式碼的說明：

第 1 行：void setup() 是一個特殊的函式，當 Arduino 開始運行時，它會自動執行一
　　　　次。所以通常在此處進行初始化設置。

第 2 行：設置 13 號腳位為輸出模式，以控制 LED 燈。

第 5 行：loop() 函式，執行主程式。

第 6 行：將 13 號數位腳位的電位設置為高電位，讓 LED 燈亮。

第 7 行：等待 1000 毫秒（也就是等待 1 秒）。

第 8 行：將 13 號數位腳位的電位設置為低電位，讓 LED 燈暗。

第 9 行：等待 1000 毫秒（也就是等待 1 秒）。

因此，以上程式碼會使 13 號腳位上的 LED 燈閃爍，每隔 1 秒開啟或關閉一次，不斷
重複此過程，直到 Arduino 被關閉或斷電。

Section

2-2 外接 LED 燈控制

2-2-1 實作說明

設計一個外接 LED 燈程式，符合以下要求：

● 透過麵包板方式，外接 LED 燈。

● LED 燈呈現閃爍的警示燈，重複地一秒 LED 燈亮、一秒 LED 燈暗。

> 註 本單元主要目的在學習利用麵包板、杜邦線進行簡單的電路接線。

2-2-2 觀念解說

外接發光二極體 LED 燈

發光二極體（Light Emittinging Diode，簡稱 LED）有多種顏色，外觀有二隻接腳，長腳代表「正（＋）」端、短腳代表「負（-）」端。

LED 燈具有方向性，電流方向正確才會燈亮。

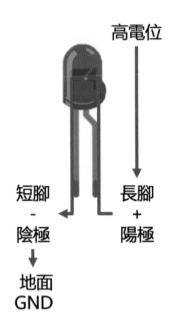

LED 燈的優點是功率小、體積小、溫度低，在許多的電器、看板都可以看到它的應用，LED 燈的規格及型號眾多，早期的 LED 燈僅作為數位輸出，現今部分的 LED 燈產品也能作為類比輸出。

2-2-3 接線說明

Arduino 控制板需要加入電阻保護 LED 燈，以避免因為電流過大而造成 LED 燈燒毀。

- LED 燈長腳 透過 220 歐姆電阻 接 控制板的 9 號腳位。
- LED 燈短腳 接 控制板的 GND 腳位。

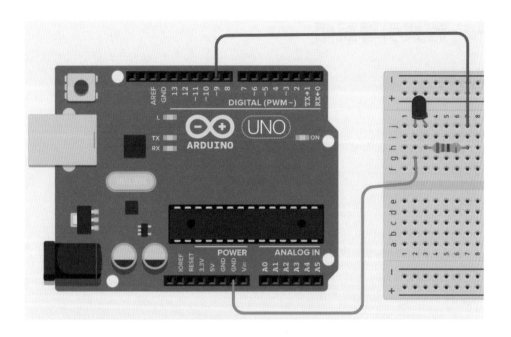

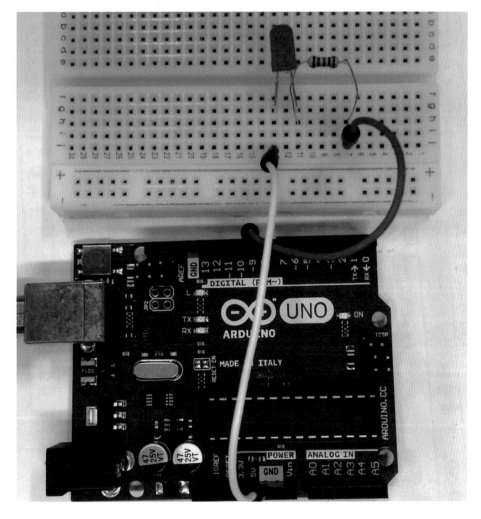

2-2-4 程式引導說明

完整程式碼

```
1   void setup() {
2     pinMode(9, OUTPUT);
3   }
4   void loop() {
5     digitalWrite(9, HIGH);
6     delay(1000);
7     digitalWrite(9, LOW);
8     delay(1000);
9   }
```

程式解說

第 1 行：setup() 函式，進行初始化設置。

第 2 行：設置 9 號腳位為輸出模式，以控制外接的 LED 燈。

第 4 行：loop() 函式，執行主程式（第 5-8 行程式碼）。

第 5 行：將 9 號腳位的電位設置為高電位，讓 LED 燈變亮。

第 6 行：等待 1 秒。

第 7 行：將 9 號腳位的電位設置為低電位，讓 LED 燈變暗。

第 8 行：等待 1 秒。

2-3 PWM 呼吸燈

2-3-1 實作說明

設計一個呼吸燈的程式，模仿人類的呼吸動作，符合以下要求：

- LED 燈重複地慢慢地亮起後又慢慢地變暗。

> **註** 少數 LED 燈只能作為數位輸出，但現今大多的 LED 燈已能作類比輸出。

2-3-2 觀念解說

LED 組（數位 / 類比輸出）

部分 LED 燈具有數位及類比輸出功能。

- 作為數位輸出時，只能呈現數值 0 為燈暗、數值 1 為燈亮。
- 作為類比輸出時，可以數值 0~255 的數值來控制燈的亮度。

PWM 脈衝寬度調變

PWM 腳位

Arduino 的 GPIO 腳位都是數位輸出 / 輸入，也就是只能輸出 0 或 1 值。但是可以發現在控制板上的 GPIO 的編號 D3、D5、D6、D9、D10、D11 號碼前方都有一個「～」符號，這表示這幾個腳位使用了 PWM（Pulse Width Modulation）「脈衝寬度調變」技術。PWM 技術可以將數位腳位「模擬」為類比腳位，使它們可以讀取或寫入 0~1023 或 0~255 數值，而不是只有 0 和 1 這二個數值。

analogWrite 函式

analogWrite() 用於控制 PWM 輸出，它可以將一個 0-255 之間的數值輸出到特定的腳位上，這個數值表示輸出 PWM 的占空比，進而控制外部設備如 LED 燈的亮度等。

語法：

```
analogWrite(pin, value)
```

參數：

- pin：要輸出 PWM 信號的腳位。
- value：要輸出的 PWM 占空比，可以是 0-255 之間的整數。

例如：

```
analogWrite(9, 128);   // 將 PWM 信號輸出到 9 號腳位，占空比為 50%
```

這個函式對於控制 LED 燈的亮度非常有用，可以實現呼吸燈效果。在呼吸燈的程式中，可以使用 'analogWrite()' 函式控制 LED 燈的亮度，進而實現逐漸變亮或逐漸變暗的效果。

占空比（Duty Cycle）

在 Arduino 中，占空比（Duty Cycle）是指 PWM（Pulse Width Modulation，脈衝寬度調變）訊號中高電位（ON）時間與總週期時間的比例。

PWM 訊號是一種可以產生類比訊號的數位訊號，它透過在一個週期內改變高電位（ON）時間和低電位（OFF）時間的比例以改變平均電壓，進而控制電路中的元件。占空比就是其中的一個重要參數，它決定了 PWM 訊號的高電平時間占週期時間的百分比。

例如，如果 PWM 訊號的週期時間為 100 毫秒，高電位時間為 20 毫秒，那麼它的占空比就是 20%。如果高電位時間為 50 毫秒，那麼占空比就是 50%。

占空比越高，PWM 訊號中高電位時間所佔比例就越大，平均電壓也就越高，控制的元件也就越亮或者轉速越快。反之，占空比越低，PWM 訊號中高電位時間所佔比例就越小，平均電壓也就越低，控制的元件也就越暗或者轉速越慢。

2-3-3 接線說明

LED 燈（類比輸出）

- 長腳 接 控制板的 9 號腳位。
- 短腳 接 控制板的 GND 腳位。

> 註 LED 燈的長腳若是要改換成別的腳位時，必須腳位前方有「～」符號，如 3,5,6,9,10,11 這 6 個腳位。

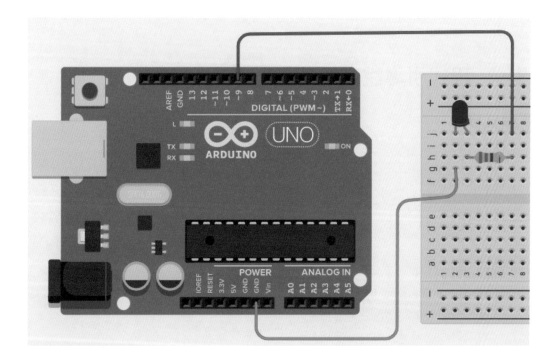

2-3-4 程式引導說明

完整程式碼

```
1   int br = 0;
2   int n = 5;
3   void setup() {
4     pinMode(9 , OUTPUT);
5   }
6   void loop() {
7     analogWrite(9 , br);
8     br = br + n;
9     if (br == 0 || br == 255) {
10      n = -n;
11    }
12    delay(500);
13  }
```

程式解說

第 1 行：定義一個整數變數 br，用來存放 LED 燈的亮度，初始值為 0。

第 2 行：定義一個整數變數 n，用來控制 LED 燈的亮度變化速度，每次改變的亮度值為 5。

第 3 行：setup() 函式，進行初始化設置。

第 4 行：設置 9 號腳位為輸出模式，控制外部元件 LED 燈。

第 6 行：loop() 函式，重複執行主程式（第 7-12 行）。

第 7 行：analogWrite() 函式控制 9 號腳位輸出 PWM 信號，其值由 br 變量控制。因為 br 初始值 =0，所以 LED 燈不會亮。

第 8 行：將 br 變數值增加 n，用於控制 LED 燈的亮度變化，每次循環，LED 燈的亮度都會增加 5。

第 9 行：判斷 br 變數值是否等於 0 或 255，如果成立，表示 LED 燈的亮度已經達到最小值或最大值。

第 10 行：如果 br 變數值等於 0 或 255，將 n 取相反值，這樣可以改變 LED 燈亮度變化的方向，實現呼吸燈效果。

第 12 行：在每次重複之間延遲 500 毫秒，用於控制 LED 燈亮度的變化速度。

Section

2-4　按鈕開關的使用

2-4-1　實作說明

設計一個利用按鈕來控制 LED 燈的亮與暗的程式，符合以下要求：

- 按下按鈕時，LED 燈亮

- 放開按鈕時，LED 燈暗。

2-4-2 觀念解說

按鈕元件

按鈕元件是常見的輸入裝置,也有人稱為按鍵元件,提供簡單的按下與放開兩種選擇。

機械式按鈕(二腳)

機械式按鈕開關依持續作用的狀態形式,可以分為以下二類:

- 交替型:按下為開(通電)、再按為關(不通電)。
- 瞬時型:持續按下為開(通電)、放開為關(不通電)。

本課程中使用的是瞬時型按鈕,接線時一腳接 VCC 端、另一腳接 IO 腳位。

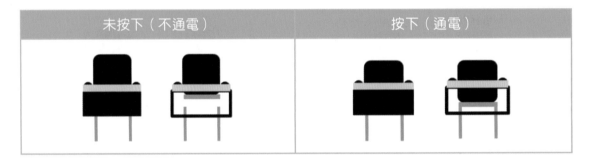

未按下(不通電)	按下(通電)

機械式按鈕(四腳)

按鈕開關有四支腳時,彼此兩兩相通(相通腳像夾子),當按下開關時,四支腳就會全部連通。接線時也是一組腳接 VCC 端、另一組腳接 IO 腳位。

- 1 號、2 號腳相通
- 3 號、4 號腳相通

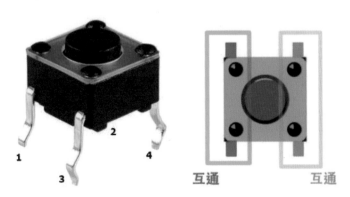

互通　　　　　　互通

上拉電阻及下拉電阻

當我們按接線圖接好線之後，使用腳位 3 去讀取按鈕的狀態，而用腳位 9 來控制 LED 燈時，可撰寫程式如下：

```
void setup() {
  pinMode(9, OUTPUT);
  pinMode(3, INPUT);
}
```

這時如果用 digitalRead() 去讀取這個腳位 3 時，極可能會受到環境雜訊的影響，有時讀取到 HIGH、有時卻讀取到了 LOW，這就是所謂的 Floating 狀態。

為了解決這個問題，我們通常會再加一個電阻，有二種增加電阻的方式：

- 上拉電阻（Pull-Up）：電阻接在 VCC 端。
- 下拉電阻（Pull-Down）：電阻接在 GND 端。

兩種方式都可以的，只是一般建議用 Pull-Up（上拉電阻），這裡我們也是用 Pull-Up（上拉電阻）來測試。至於這個電阻要用多大的呢？一般建議是 10K~20K 歐姆都可以。

其實呢？這個上拉電阻是可以不用接的，因為在 Arduino Uno 控制板上每一個 Pin 腳都有內建 20K 歐姆的上拉電阻，但還是必須為您說明。

所以只要程式改為如下即可：

```
void setup() {
  pinMode(9, OUTPUT);
  pinMode(3, INPUT_PULLUP);
}
```

我們把原本的 INPUT，改成了 INPUT_PULLUP，這就是告訴 Arduino Uno 控制板，我們這個 Pin 腳不只是要做為輸入，還要使用內建的上拉電阻，這樣子就可以直接利用 Pin 腳內建 20K 歐姆的電阻。

2-4-3 接線說明

LED 燈

- 長腳 透過 220 歐姆電阻 接 控制板的 9 號腳位。
- 短腳 接 控制板的 GND 腳位。

按鈕

- 一腳 接 控制板的 3 號腳位。
- 另一腳 接 控制板 GND 腳位。

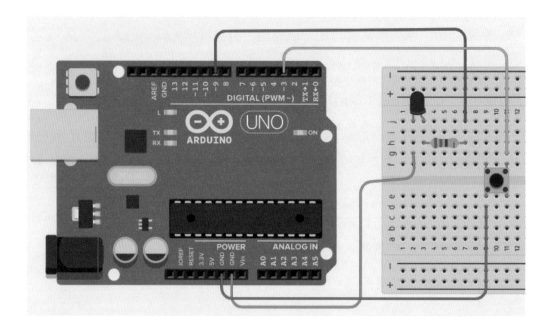

2-4-4　程式引導說明

完整程式碼

```
1   int btn = 0;
2   void setup() {
3     pinMode(9, OUTPUT);
4     pinMode(3, INPUT_PULLUP);
5   }
6   void loop() {
7     btn = digitalRead(3);
8     if(btn == LOW){
9       digitalWrite(9, HIGH);
10    }else{
11      digitalWrite(9, LOW);
12    }
13  }
```

程式解說

第 1 行：定義一個整數變數 btn，用於存放按鍵的狀態，初始值為 0。

第 2 行：setup() 函式，初始化設置。

第 3 行：設置 9 號腳位為輸出模式，用來控制 LED 燈。

第 4 行：設置 3 號腳位為輸入模式，接收按鍵的信號，使用 INPUT_PULLUP 模式表示在腳位上啟用內部上拉電阻（詳見觀念介紹）。

第 6 行：loop() 函式，重複執行主程式（第 7-12 行）。

第 7 行：digitalRead() 讀取 3 號腳位按鍵的狀態，將其存儲放到 btn 變數中。

第 8 行：判斷變數 btn 值 = LOW(0) 是否成立？如果成立，表示按鍵被按下。

第 9 行：當按鍵按下時，用 digitalWrite() 函式將 9 號腳位的電位設置為 HIGH，點亮 LED 燈。

第 10 行：如果按鍵沒有被按下，執行 else 語句。

第 11 行：當按鍵沒有按下時，使用 digitalWrite() 函式將 9 號腳位設置為 LOW，表示要關閉 LED 燈。

Section

2-5 RGB 七彩霓虹燈

2-5-1 實作說明

使用三色 RGB 燈電子元件，設計一個七彩霓虹燈，符合以下要求：

● 利用三色 RGB 燈混合的色彩，製作一個七彩的霓虹燈。

2-5-2 觀念解說

之前練習的是單色的 LED 燈，如紅、綠、藍、白等顏色，其實還有一種 RGB LED 燈，它同時內建三個 LED 燈（紅綠藍 RGB），可以混合呈現各種色彩，這次我們以 RGB 模組進行練習。

共陽極、共陰極 RGB 腳位判斷

另外市面上還有這種單顆 4 腳的 RGB LED 燈，如下圖所示，在外觀上則有四隻針腳，三隻分別為 RGB 的腳位，其中一隻為共同腳！三色 RGB 針腳分別由紅色（R）/ 綠色）G）/ 藍色（B）包裝組成一顆 RGB 燈。

- 共陰極：共同腳接 GND（接地）
- 共陽極：共同腳接 VCC（3.3V）

市面較常使用的是共陰極，共同腳是最長的那個腳位，但是若要無法確認所使用的是**共陽極**或是**共陰極** RGB 燈時，可以**先把共同腳插在 GND 檢查看看**是否有作用？若是沒有反應，再把共同腳插在 VCC 處檢查。

- 作為數位輸出時，共有 $2^3-1=7$ 種顏色變化。
- 作為類比輸出時，每種顏色的數值為 0~1023，可以有全彩的顏色呈現。

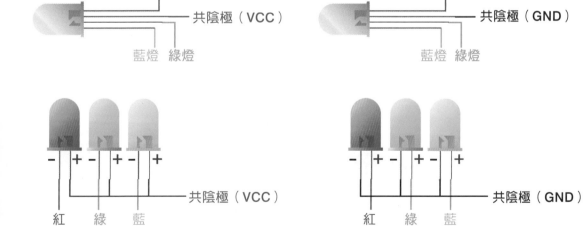

隨機亂數 -randomSeed() 函式

「隨機亂數」是寫遊戲或是機率類的程式相當常用的技巧，程式中使用 randomSeed() 函式作為亂數產生器。在程式中如果沒有使用 randomSeed() 函式初始化亂數產生器，則使用 random() 函式取得的亂數數值就會是每次都取得相同的數值，這樣就無法真正的隨機數值。

randomSeed() 函式的格式為：

```
randomSeed( 參數 )
```

● 這個參數可以是任何整數值。

● 通常會使用 analogRead() 函式讀取一個類比腳位的值作為參數，這樣就可以產生更為隨機的亂數數值。

所以常使用以下的方式作為亂數產生器：

```
void setup() {
  randomSeed(analogRead(0));  // 使用類比腳位 0 讀取的值作參數
}
```

這樣在程式運行時，每次產生的亂數數值都會根據類比腳位 0 外部環境的噪聲而有所不同，產生更為隨機的效果。

2-5-3 接線說明

接線 1：RGB 模組接線圖

● R 腳 接 控制板 9 號腳位。

● G 腳 接 控制板 10 號腳位。

● B 腳 接 控制板 11 號腳位。

● - 腳 接 控制板的 GND 腳位。

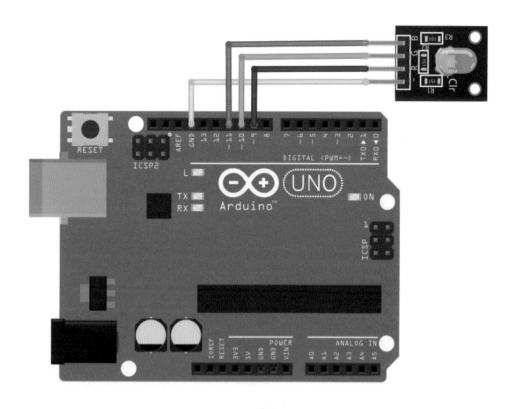

接線 2：一般零件接線（共陰極）

- R 腳 接 控制板 9 號腳位。

- G 腳 接 控制板 10 號腳位。

- B 腳 接 控制板 11 號腳位。

- 共陰極腳 接 控制板的 GND 腳位。

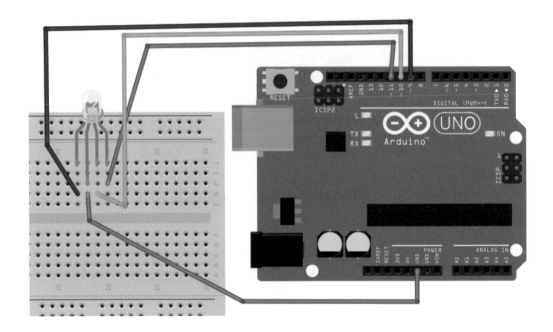

2-5-4 程式引導說明

完整程式碼

```
1  void setup() {
2    pinMode(9, OUTPUT);
3    pinMode(10, OUTPUT);
4    pinMode(11, OUTPUT);
5    randomSeed(analogRead(0));
6  }
7  void loop() {
8    int r = random(256);
```

```
9      int g = random(256);
10     int b = random(256);
11     analogWrite(9, r);
12     analogWrite(10, g);
13     analogWrite(11, b);
14     delay(500);
15   }
```

程式解說

第 1 行：setup() 函式，初始化設置。

第 2 行：將腳位 9 的模式設定為輸出模式，控制 RGB 的紅色 LED。

第 3 行：將腳位 10 的模式設定為輸出模式，控制 RGB 的綠色 LED。

第 4 行：將腳位 11 的模式設定為輸出模式，控制 RGB 的藍色 LED。

第 5 行：使用模擬類比輸入 A0 的值作為亂數種子增加隨機性。

第 7 行：loop() 函式，重複執行主程式（第 8-14 行）。

第 8 行：變數 r 取得一個 0~255 間的隨機整數，作為紅色 LED 的顏色值。

第 9 行：變數 g 取得一個 0~255 間的隨機整數，作為綠色 LED 的顏色值。

第 10 行：變數 b 取得一個 0~255 間的隨機整數，作為藍色 LED 的顏色值。

第 11 行：將變數 r 的值輸出到紅色 LED 上，顯示對應顏色。

第 12 行：將變數 g 的值輸出到綠色 LED 上，顯示對應顏色。

第 13 行：將變數 b 的值輸出到藍色 LED 上，顯示對應顏色。

第 14 行：暫停程式執行 500 毫秒，以便觀察 LED 燈的顏色變化。

2-6 可變電阻 - 調光燈

2-6-1 實作說明

設計一個角度感測可變電阻程式，符合以下要求：

● 當旋轉可變電阻時，LED 燈會隨著角度不同而改變亮度。

● 效果要如家中的旋轉控光枱燈，可連續性的調整光線。

2-6-2 觀念解說

可變電阻模組（類比輸入）

可變電阻（Potentiometer）簡稱 Pot，也稱為 Variable resistance。可以透過旋轉鈕調整電阻值，最常見在 Arduino 套件中的型號是 B10K，最高電阻值為 10K 歐姆。這種電阻的外型設計成旋鈕，大家一定都使用過的，像是音響的調整音量鈕等，只是加了漂亮的蓋子而已。

可變電阻模組單位為歐姆。藉由中央旋鈕的旋轉角度來控制電阻的數值，向右旋轉數值變大、向左旋轉數值變小。因為 V（電壓）$=I$（電流）$\times R$（電阻），改變電阻的數值將會造成電壓隨之改變。

可變電阻模組內建分壓電路，經由轉動旋鈕改變兩個固定端間電阻值。以 B10K 的型號為例，它有 3 支腳，如圖所示，如果直接量這兩個腳的電阻值，就是 10K。如果只接 AB 或 BC 兩腳，可以依照旋鈕的角度產生不同的電阻值。A 和 C 兩支腳是可以互換的，但是交換之後的數值變化，則會是相反的哦。

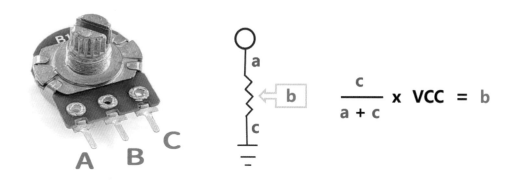

$$\frac{c}{a + c} \times VCC = b$$

而有的可變電阻模組的腳位就有明確的標示：

- SIG：訊號輸出腳位
- VCC：VCC 腳位
- GND：GND 腳位

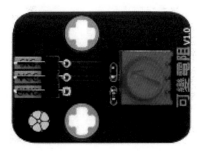

2-6-3 接線說明

可變電阻

- A 腳 接 控制板 GND 腳位。
- B 腳 接 控制板的 A0 腳位。
- C 腳 接 控制板的 5V 腳位。

LED 燈

- 長腳 透過 220 歐姆電阻 接 控制板的 9 號腳位。
- 短腳 接 控制板的 GND 腳位。

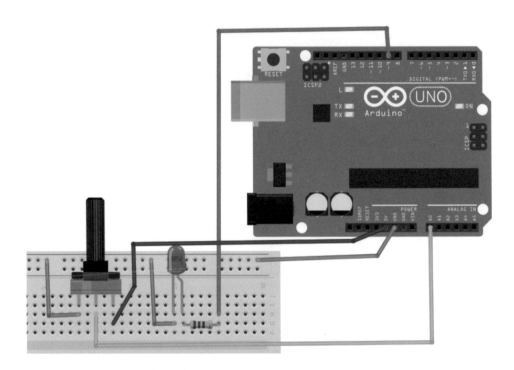

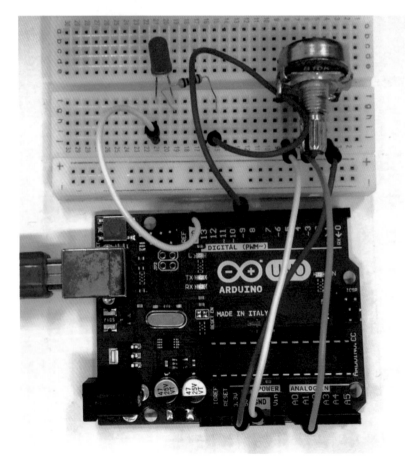

2-6-4 程式引導說明

完整程式碼

```
1   int n = 0;
2   void setup() {
3     pinMode(9, OUTPUT);
4   }
5   void loop() {
6     n = analogRead(A0);
7     n = map(n,0,1023,0,255);
8     analogWrite(9,n);
9   }
```

程式解說

第 1 行：宣告一個整數變數 n=0，存放從模擬輸入 A0 讀取到的數值。

第 2 行：setup() 函式，初始化設置。

第 3 行：將腳位 9 的模式設定為輸出模式，控制訊號輸出到 LED 上。

第 5 行：loop() 函式，重複執行主程式（第 6~8 行）。

第 6 行：讀取模擬輸入 A0 的數值，並賦值給變數 n。

第 7 行：使用 map() 函數將變數 n 值從 0 ～ 1023 的範圍映射到 0 ～255 的範圍。這個 map() 函數可以將一個範圍內的任意值轉換到另一個範圍內的對應值。

第 8 行：將變數 n 值輸出到 LED 上控制其亮度。

總體來説，這個程式將從模擬輸入 A0 讀取一個數值，使用 map() 函數將其轉換到 0 ～ 255 的範圍，然後將這個值輸出到 LED 上改變其亮度。這個程式可以用來實現類似於調光燈的功能，只需使用一個可變電阻來控制 LED 的亮度。

2-7 DHT11 數位溫溼度計

2-7-1 實作說明

設計一個 DHT11 數位溫溼度計，符合以下要求：

- 可以連續偵測環境中的溫度與溼度

- 將偵測結果在序列埠監視視窗上顯示溫度及溼度數值。

2-7-2 觀念解說

DHT11 數位溫溼度模組

市面上常見的 DHT11 有兩種：一種是單純 DHT11 沒背板的，一種是有焊背板的（也就是模組化）。差別在於焊了背板就可以省掉加電阻這個麻煩，也少一個腳位，方便很多。本範例中就是使用 DHT11 模組。

- 溫度的測量範圍為 0~50 度（誤差 ±2 度）

- 溼度的測量範圍為 20~90%（誤差 ±5%）

安裝 DHT11 程式庫

使用 DHT11 元件時，在程式撰寫時需要匯 DHT11 的程式庫，DHT11 的程式庫有多種的選擇，推薦使用 Adafruit DHT Sensor Library，只要從 Arduino IDE 的程式管理員就能下載。另外還需要安裝另一個 Adafruit Unified Sensor Library 程式庫來搭配，才能順利使用，所以別忘了要一併安裝二者。

① 選擇功能表「工具 / 管理程式庫」。

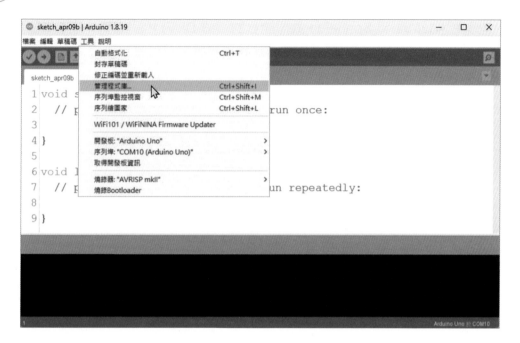

② 在搜尋處輸入【DHT sensor library】，就可以看到找到一大堆的 DHT 元件可以使用的程式庫。

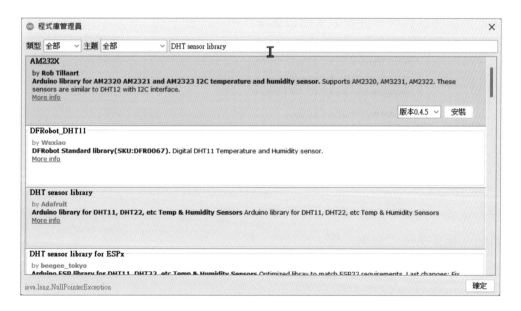

③ 選擇 DHT sensor library，按「安裝」鈕。

（這是由 Adafruit 和 SparkFun 共同開發的一個 DHT11 程式庫，支持多種型號的溫濕度傳感器。這個程式庫提供了豐富的程式庫，可以實現溫度、濕度、露點和熱指數等計算，還可以設定溫濕度傳感器的精度、更新頻率和校正等參數。）

④ 要把搭配的程式庫一併安裝，所以選擇「Install all」鈕。

⑤ 安裝完成，想要了解這個程式庫的用法，可以點選「More info」取得範例及更多資訊，結束請按「關閉」鈕。

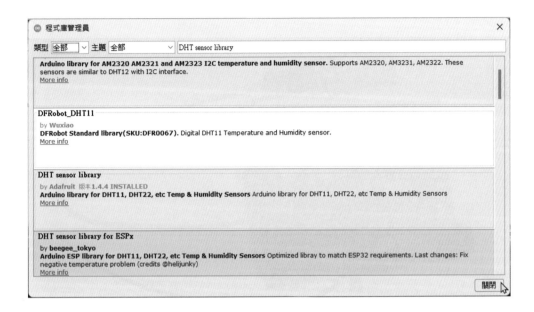

2-7-3 接線說明

DHT11 溫溼度計

- DATA 腳 接 控制板的 9 號腳位。

- VCC 腳 接 控制板的 3.3V 腳位。

- GND 腳 接 控制板的 GND 腳位。

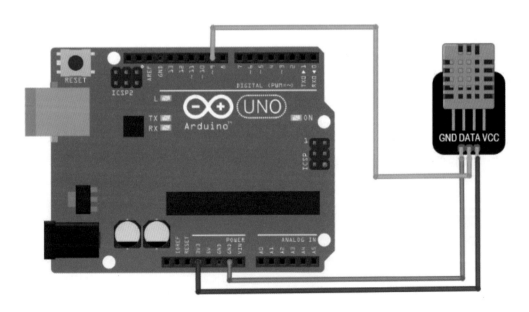

2-7-4 程式引導說明

完整程式碼

```
1   #include "DHT.h"
2   DHT dht(9, DHT11);
3   void setup(){
4     Serial.begin(9600);
5     Serial.println("DHT11 test!");
6     dht.begin();
7   }
8   void loop(){
9     delay(1000);
10    float h = dht.readHumidity();
11    float t = dht.readTemperature();
12    Serial.print("H=");
13    Serial.print(h);
14    Serial.print(" %\t");
15    Serial.print("T=");
16    Serial.print(t);
17    Serial.println(" *C ");
18  }
```

執行程式時，請按下 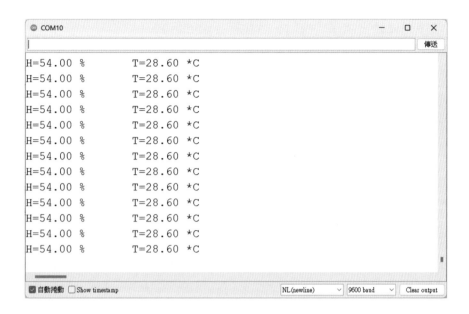 鈕，打開序列埠監控視窗，在視窗中將顯示濕度和溫度，試著對 DHT 呵氣，觀察濕度、溫度產生的變化。

程式解說

第 1 行：引入 DHT11 程式庫以便在程式中使用 DHT11 的函數。

第 2 行：建立一個名為 dht 的 DHT 物件，指定連接腳位為 9、型號為 DHT11。

第 3 行：setup() 函式，初始化設置。

第 4 行：初始化序列埠通訊，並設定傳送和接收的數據速率為 9600。

第 5 行：向序列埠輸出字串「DHT11 test!」並換行（println）。

第 6 行：初始化 DHT11 溫濕度傳感器，以便讀取數值。

第 8 行：loop() 函式，重複執行主程式（第 9-17 行）。

第 9 行：等待 1 秒，以便再次讀取溫濕度數值。

第 10 行：從 DHT11 傳感器讀取濕度數值，賦值給變數 h。

第 11 行：從 DHT11 傳感器讀取溫度數值，賦值給變數 t。

第 12 行：向序列埠輸出字串「H＝」。

第 13 行：向序列埠輸出變數 h 的值。

第 14 行：向序列埠輸出字串「%」和一個 tab 字符。

第 15 行：向序列埠輸出字串「T=」。

第 16 行：向序列埠輸出變數 t 的值。

第 17 行：向序列埠輸出字串「*C」，並換行（println）。

如果想要把第 12~17 行的程式碼精簡為一行時，可以改寫為

```
Serial.println("H="+String(h)+"%\t"+"T="+String(t)+"*C");
```

總體來說，這個程式將從 DHT11 溫濕度傳感器讀取溫度和濕度數值，並將其輸出到序列埠。你可以使用序列埠監視視窗來觀察程式的執行情況，並在序列埠監視器中查看溫度和濕度數值。

2-8 文字型 LCD 顯示模組（1602A）

2-8-1 實作說明

設計一個文字型 LCD 顯示模組，可以符合以下要求：

● 顯示 DHT11 所偵測的溫度與濕度的數值。

● 溫度和溼度分成二行顯示。

2-8-2 觀念解說

文字型 LCD 顯示模組（1602A）

文字型 LCD 顯示模組可以顯示文字、數字、符號，它的規格如下：

- 可以顯示兩行資訊，每行 16 個字元。

- 每個字元只能固定範圍內顯示，無法調整大小及間距。

- 文字型 LCD 顯示器共有 14 根腳，若包含背光模組，則有 16 根。

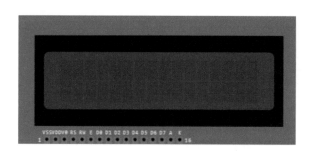

如果執行的過程中，文字顯示得不清楚，有可能是 LCD 螢幕對比度太強或太弱所造成，可以使用十字螺絲起子，調整 LCD 後方的旋鈕，就能控制對比度。

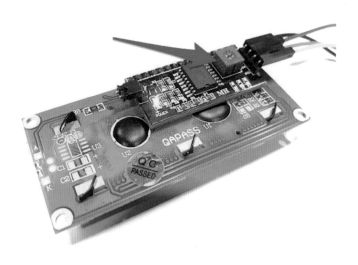

文字型 LCD 顯示模組有 4 個腳位：

- SDA：序列資料腳位

- SCL：序列時脈腳位

- VCC：5V

- GND：GND

I2C 通訊協議

原名為「Inter-Integrated Circuit」是採用兩線式序列通訊協議,是一種半雙工(Half Duplex)同步多組設備。

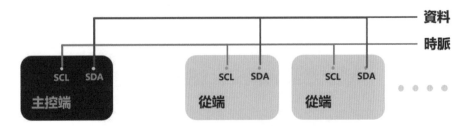

- 至少要有一個主控端(master)負責發送訊號:微處理器 Pomas。

- 至少一個從端(slave)接收訊號:文字型 LCD 顯示模組 1602A。

- 每一個 I2C 從端都有一個位址編號(address),基本上 1602 LCD 不是 0x27 就是 0x3F。

安裝 1602LCD 程式庫

使用 1602 LCD 元件時,在程式撰寫時需要匯入 1602 LCD 的程式庫,DHT11 的程式庫有多種的選擇,這兒極力推薦使用 LiquidCrystal_PCF8574 程式庫,只要從 Arduino IDE 的程式管理員就能下載直接使用。

安裝 LiquidCrystal_PCF8574 程式庫的方法很簡單,依以下步驟即可完成。

① 選擇功能表「工具 / 管理程式庫」。

② 在搜尋處輸入【LiquidCrystal_PCF8574】，就可以看到找到一大堆的程式庫可以使用，選擇 LiquidCrystal_PCF8574，按「安裝」鈕。

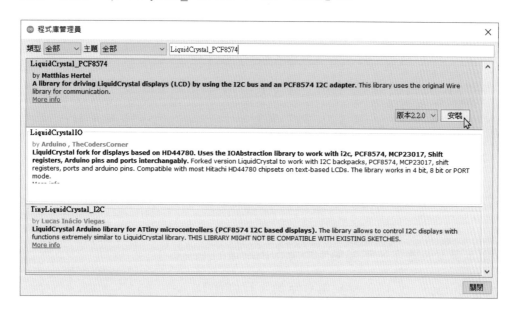

③ 安裝完成，想要了解這個程式庫的用法，可以點選「More info」取得範例及更多資訊，結束請按「關閉」鈕。

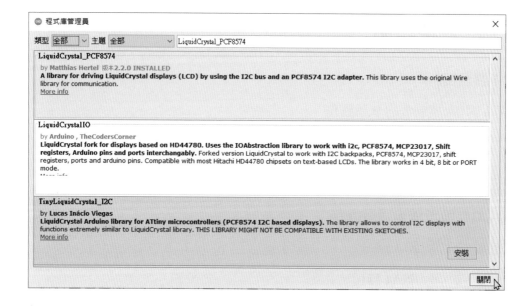

LCD 顯示對應位置及指令

文字型 LCD 顯示模組的液晶螢幕可以顯示兩行資訊（第 0 行及第 1 行），每行 16 個字元（由 0 至 15 格），而每個字元只能在固定格內顯示，這二行的字元都有相對應的座標。

要將游標移到指定位置，可以利用下表（字 , 行）的相對位置來參照。

字	0	1	2	3	4	5	6	7	8	9	10	11	12	13	14	15
0 行	0,0	1,0	2,0	3,0	4,0	5,0	6,0	7,0	8,0	9,0	10,0	11,0	12,0	13,0	14,0	15,0
1 行	0,1	1,1	2,1	3,1	4,1	5,1	6,1	7,1	8,1	9,1	10,1	11,1	12,1	13,1	14,1	15,1

它只能顯示英文及數字，不能顯示中文字，常用的指令有：

- lcd.setCursor（0, 1）：移到第 0 字第 1 行位置。
- lcd.print（"T="）：放入文字內容 "T="。
- lcd.clear()：清除文字。

2-8-3 接線說明

DHT11 溫溼度計

- DATA 腳 接 控制板的 9 號腳位。
- VCC 腳 接 控制板的 3.3V 腳位。
- GND 腳 接 控制板的 GND 腳位。

文字型 LCD 顯示模組（1602A）

- SCL 腳 接 控制板 A5 腳位。
- SDA 腳 接 控制板 A4 腳位。
- VCC 腳 接 控制板 5V 腳位。
- GND 腳 接 控制板 GND 腳位。

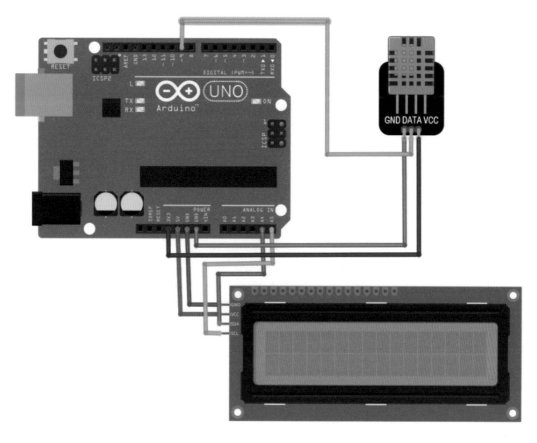

2-8-4 程式引導說明

完整程式碼

```
1   #include <LiquidCrystal_PCF8574.h>
2   #include "DHT.h"
3   LiquidCrystal_PCF8574 lcd(0x27);
4   DHT dht(9, DHT11);
5   void setup(){
6     dht.begin();
7     lcd.begin(16, 2);
8     lcd.setBacklight(255);
9   }
10  void loop(){
11    delay(1000);
12    float h = dht.readHumidity();
13    float t = dht.readTemperature();
14    lcd.clear();
15    lcd.setCursor(0, 0);
16    lcd.print("H=");
17    lcd.setCursor(4, 0);
18    lcd.print(h);
19    lcd.setCursor(10, 0);
20    lcd.print("%");
21
22    lcd.setCursor(0, 1);
23    lcd.print("T=");
24    lcd.setCursor(4, 1);
25    lcd.print(t);
26    lcd.setCursor(10, 1);
27    lcd.print("C");
28  }
```

程式解說

第 1 行：匯入 LiquidCrystal_PCF8574 程式庫，用來支援 I2C 介面的液晶顯示器。

第 2 行：匯入 DHT 程式庫，用來讀取 DHT11 溫濕度感測器資料。

第 3 行：宣告建立 LiquidCrystal_PCF8574 物件，並設定 I2C 介面的位址為 0x27。

第 4 行：宣告一個 DHT 物件，並設定 DHT11 感測器的接收腳位為 9。

第 5 行：setup() 函式，初始化設置。

第 6 行：呼叫 dht.begin() 來啟動 DHT11 感測器。

第 7 行：呼叫 lcd.begin(16, 2) 來啟動液晶顯示器，設定顯示器為 16 列 2 行。

第 8 行：呼叫 lcd.setBacklight(255) 來設定背光亮度為最大值 255。

第 10 行：loop() 函式，重複執行主程式（第 11~27 行）。

第 11 行：延遲 1 秒，以避免過於頻繁地讀取溫濕度感測器資料。

第 12 行：呼叫 dht.readHumidity() 來讀取當前的濕度值，存入 h 變數。

第 13 行：呼叫 dht.readTemperature() 來讀取當前的溫度值，存入 t 變數。

第 14 行：呼叫 lcd.clear()，清除顯示器上的所有內容。

第 15-16 行：在 (0,0) 位置顯示顯示 "H="（表示溼度）。

第 17-18 行：在 (4,0) 位置顯示濕度值（變數 h）。

第 19-20 行：在 (10,0) 位置顯示 "%"（百分比符號）。

第 21-23 行：在 (0,1) 位置顯示顯示 "T="（表示溫度）。

第 24-25 行：在 (4,0) 位置顯示溫度值（變數 t）。

第 26-27 行：在 (10,0) 位置顯示 "C"（代表攝氏溫度）。

整個程式的作用是讀取 DHT11 溫濕度感測器的資料，並將溫度和濕度值顯示在液晶顯示器上。

2-9 光敏電阻

2-9-1 實作說明

利用外接光敏電阻及紅色 LED 燈來設計一個程式，符合以下要求：

- 先行偵測目前的光線數值 30 次求取現在環境的光線平均數值。

- 依照環境的光線數值，當光線變暗時，LED 燈亮；光線變亮時，LED 燈暗。

> 註 決定變亮及變暗的數值請依實際環境調整。

2-9-2 觀念解說

光敏電阻

光敏電阻可以檢測周圍環境的亮度和光強度，光敏電阻的外觀與功能無關。

光敏電阻（photoresistor or light-dependent resistor，後者縮寫為 ldr）是一種基於光學效應的電子元件，可以用來檢測環境光線強度。

它的工作原理是當光線照射到光敏電阻上時，會使其電阻值產生變化，進而改變電路中的電流或電壓值。光敏電阻的阻值通常會隨著光線強度的增加而減小，因此可以用來檢測光線的強弱。

- 光線越強、電阻值越小

- 光線越暗、電阻值越大

光線越強，電阻值越小

光線越暗，電阻值越大

光敏電阻主要應用在光控開關、光敏感應器、光控電路等方面。

- 光控開關：透過檢測光線強度的變化來控制開關的開關狀態。

- 光敏感應器：透過檢測光線強度的變化來感知環境光線，例如用於室內自動照明系統。

- 光控電路：可以透過光敏電阻的阻值變化來控制電路中的元件，例如可調光 LED 燈等。

光敏電阻（2 個腳位）

這種只有 2 個腳位的光敏電阻，沒有內建電阻，所以接線時接 **GND 那邊一定要加上電阻**（1K~10K 都可以），不然可能會造成 Arduino Uno 控制板損壞！。

光敏電阻（3 個腳位）

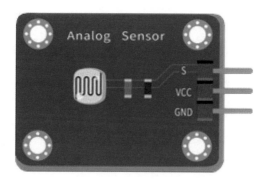

其中的 S 腳位要接在類比腳位處，也就是 Arduino 控制板的 A0~A5 處，數字旁邊有標記 "A" 表示有 ADC 功能。

光敏電阻（4 個腳位）

另外的市售光敏電阻有 4 個腳位，分別為：

- AO：類比輸出，數值越大會越亮或越暗要實測。

- DO：數位輸出 0 和 1 值。

- GND：接 GND 端。

- VCC：接工作電壓端（3.3V-5V）。

若是把 VCC 和 GND 接反時，並不會燒毀電路，只是輸出電壓數值會相反（也就是明暗程度的數值會相反），這類的光敏電阻可以使用小螺絲起子，旋轉上面的藍色電位調節鈕來調整光感的靈敏度。

ADC- 類比數位轉換器（Analog-to-Digital Converter）

前面講述的「數位訊號」的應用，訊號不是 1 就是 0 的方波。

但是在生活中實際是充滿連續變化因子的類比訊號環境，相較於數位訊號僅能有 0 和 1 的表示，類比訊號往往能偵測／表達出更細微的變化。這種類比訊號的圖形是以旋波的方式呈現。

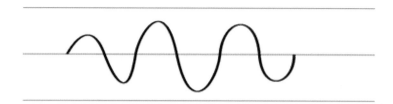

Arduino 控制板不懂這種連續的類比訊號,所以要透過 ADC 類比數位轉換器功能進行數位轉換來達成。之前介紹過 GPIO 的數位腳位可以使用 PWM 技術來模擬為類比腳位,但是模擬的數值範圍為 0 到 1023,共 1024 等分。而使用 A0~A5 的類比腳位,可以使用類比數位轉換將電壓變化轉換成較大的數值區間,將低電壓(0)~ 高電位(3.3V 或 5V)轉換成 4096 等分。

2-9-3 接線說明

本實作使用二腳型的光敏電阻,必須在接 GND 端放 10K 電阻。

光敏電阻

- 一腳 接 控制板 A0 腳位,同時透過 10K 歐姆電阻接 GND 腳位。

- 另一腳 接 控制板的 5V 腳位。

LED 燈

- 長腳 透過 220 歐姆電阻 接 控制板的 3 號腳位。

- 短腳 接 控制板的 GND 腳位。

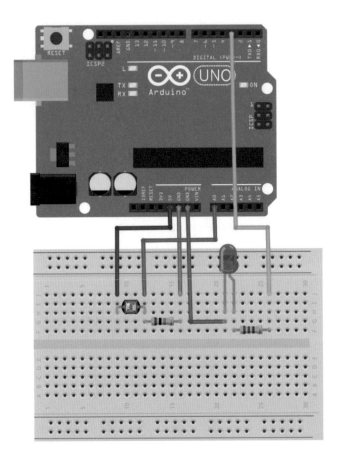

2-9-4 程式引導說明

在本練習中，請用手或物品慢慢靠近光敏電阻，加以遮住它，再試著慢慢將手或物品移走，仔細觀察序列埠監控視窗中的數值。

完整程式碼

```
1   int br=0;
2   float avg =0;
3   void setup() {
4     Serial.begin(9600);
5     pinMode(3,OUTPUT);
6     for (int i = 1; i <= 30; i++) {
7       br =br +analogRead(A0);
8       delay(20);
9     }
10    avg = br/30 -200;
11  }
12  void loop() {
13    br = analogRead(A0);
14    Serial.println(br);
15    if(br < avg){
16      digitalWrite(3,HIGH);
17    }else{
18      digitalWrite(3,LOW);
19    }
20    delay(100);
21  }
```

程式解說

第 1 行：宣告一個整數變數 br，作為記錄讀取光敏電阻的數值，初始值設為 0。

第 2 行：宣告一個浮點數變數 avg，作為環境光線的平均值，初始值設為 0。

第 3 行：setup() 函式，初始值設置（第 4~9 行）。

第 4 行：初始化 Serial 通訊，設置傳輸頻率為 9600。

第 5 行：將腳位 3 的模式設定為輸出模式，用來控制 LED 燈。

第 6-9 行：使用 for 迴圈測量光敏電阻值 30 次並加總，每次測量延遲 20 毫秒。

第 10 行：求光敏電阻平均值後 -200（偏差值）以免忽暗忽亮，存入變數 avg。

第 12 行：loop() 函式，重複執行主程式（第 13-21 行）。

第 13 行：讀取 A0 腳的光敏電阻值，賦值給 br 變數。

第 14 行：在 序列埠監視視窗中顯示 br 變數（光敏電阻值）的值。

第 15-19 行：如果 br（測量的亮度值）<avg（平均亮度值）時，LED 燈亮起，否則，
　　　　　　LED 燈關閉。

第 20 行：每次測量光敏電阻要延遲 100 毫秒。

_{Section}

2-10 蜂鳴器

2-10-1 實作說明

設計一個讓無源蜂鳴器演奏生日快樂歌曲的程式。

2-10-2 觀念解說

蜂鳴器

蜂鳴器（英語：Buzzer）是產生聲音的信號裝置，蜂鳴器的典型應用包括警笛、報警裝置、火災警報器、防空警報器、防盜器、定時器等。

蜂鳴器基本上分為有源蜂鳴器和無源蜂鳴器，二者的外型很相似，一般有源蜂鳴器會在上面貼一個白色貼紙，另外，有源蜂鳴器底部也會有膠封，無源蜂鳴器的底部可以直接看到電路板。

有源蜂鳴器	無源蜂鳴器

有的蜂鳴器有標示「＋」和「-」的符號,「-」接在控制板的 GND,「＋」接在訊號腳位,若是接線接反也沒關係。

無源蜂鳴器

無源蜂鳴器可以播放簡單的旋律,無源蜂鳴器能用來彈奏音樂,以 88 鍵電子鋼琴為例,音高範圍從最低 A0（28Hz）到最高 C8（4186Hz）。

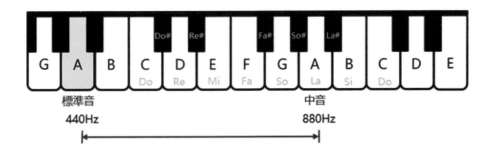

播放旋律主要是靠這個函式:

```
tone(pin, melody[thisNote], Duration);    //tone(PIN腳,音調,拍子)
```

要靜音則使用:

```
noTone(pin);
```

其音高 - 音頻（單位 Hz）對照表如下：

音調	頻率	音調	頻率	音調	頻率
低音 1	262	中音 1	523	高音 1	1047
低音 2	294	中音 2	587	高音 2	1175
低音 3	330	中音 3	659	高音 3	1319
低音 4	349	中音 4	698	高音 4	1397
低音 5	392	中音 5	784	高音 5	1568
低音 6	440	中音 6	880	高音 6	1760
低音 7	494	中音 7	988	高音 7	1976

有源蜂鳴器

有源蜂鳴器內建了一組固定的頻率，只要接通電源，就會發出固定的音調，無法利用 PWM 對其音頻進行控制。

2-10-3 接線說明

無源蜂鳴器

- （＋）端 接 控制板的 7 號腳位。
- （-）端 接 控制板的 GND 腳位。

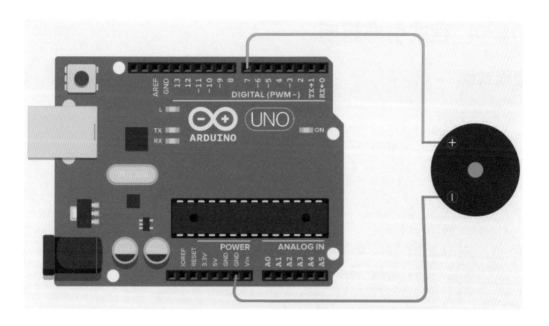

2-10-4 程式引導說明

完整程式碼

```
1   void setup() {
2     pinMode(7, OUTPUT);
3   }
4
5   void loop() {
6     int melody[] = {
7       262, 262, 294, 262, 349, 330, 262,
8       262, 294, 262, 392, 349, 330,
9       262, 262, 523, 440, 349, 330, 294,
10      466, 466, 440, 349, 392, 349,
11      262, 262, 294, 262, 349, 330, 262,
12      262, 294, 262, 392, 349, 330,
13      262, 262, 523, 440, 349, 330, 294,
14      466, 466, 440, 349, 392, 349
15    };
16    int tempo[] = {
17      4, 4, 8, 8, 8, 2, 4,
18      4, 8, 8, 8, 8, 2,
19      4, 4, 8, 8, 8, 2, 4,
20      4, 8, 8, 8, 8, 2,
21      4, 4, 8, 8, 8, 2, 4,
22      4, 8, 8, 8, 8, 2,
23      4, 4, 8, 8, 8, 2, 4,
24      4, 8, 8, 8, 8, 2
25    };
26    for (int i = 0; i < sizeof(melody) / sizeof(int); i++) {
27      int du = 1000 / tempo[i];
28      tone(7, melody[i], du);
29      delay(du * 1.30);
30      noTone(7);
31      delay(50);
30    }
33  }
```

程式解說

第 1 行：setup() 函數，初始化設置。

第 2 行：將腳位 7 的模式設定為輸出模式，控制訊號輸出到無源蜂鳴器。

第 5 行：loop() 函式，重複執行主程式（第 6-30 行）。

第 6-15 行：宣告一個整數陣列 melody，存儲 "Happy Birthday" 歌曲的旋律（音調）。

第 16-25 行：宣告一個整數陣列 tempo，存儲 "Happy Birthday" 歌曲的節奏。

第 26-32 行：使用 for 迴圈播放 "Happy Birthday" 歌曲，其中使用 tone() 函數設置蜂鳴器的頻率和持續時間，使用 delay() 函數控制每個音符之間的間隔，最後使用 noTone() 停止蜂鳴器發聲。

2-11 倒車雷達

2-11-1 實作說明

設計一個倒車雷達程式，符合以下條件

- 隨時在序列埠監控視窗顯示超音波感測器測距的數值。

- 若測距的距離小於 20 公分，蜂鳴器發出警告聲。

- 若測距的距離大於 20 公分，蜂鳴器停止發聲。

2-11-2 觀念解說

超音波感測器

普通人耳可聽見聲音的頻率範圍約為 20Hz~20KHz，而超過 20KHz 以上頻率的聲音，則稱為「超音波」。

超音波模組 HC-SR04，算是常見的模組，特別是應用在智慧小車用來測量前方障礙物的距離。它的運作原理很簡單，模組會發送出超音波，如果前方有障礙物時，信號就

會返回。當模組收到信號後,再以超音波來回所花的時間,來計算與障礙物的距離。所以這個模組有時會被稱做 Ping,其實就是桌球的英文 Ping-Pong,取桌球雙方打球時一來一回的意思。

這些複雜的計算,一般都會使用適合的程式庫處理,可以省這些計算的麻煩。

常見的 HC-SR04 超音波傳感器主要是用來偵測距離,模組上有兩個超聲波元件,一個用來發射,一個用來接收,就能利用一發一收,去算出距離。

- VCC:工作電壓 **5V**
- Trig:觸發腳(發射訊號)
- Echo:回應腳(接收返回訊號)
- GND:GND

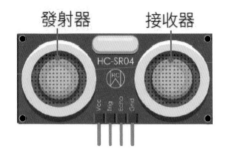

透過左側的發射器(Trig 端)發送超音波,當碰撞到物體之後會反射回來,由右側的接收器(Echo 端)接收超音波,從發射超音波到接收反射波所需的時間,可用來探測距離(感測距離:2cm ~ 400cm)。超音波具有指向性,如果受測的物體是傾斜的,可能測出來的距離就會有不準確的情形發生。

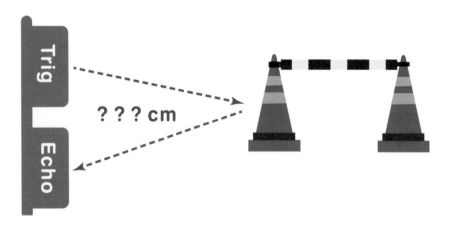

安裝 SR04 超音波程式庫

透過 Trig 發送訊號、Echo 接收返回的訊號,一發一收計算中間的距離,需要先找到適合的程式庫,才能省去這些計算的麻煩。推薦一個簡單易用的 Ultrasonic(by Erick Simoes)程式庫。

① 選擇功能表「工具 / 管理程式庫」。

② 在搜尋處輸入【Ultrasonic】，就可以看到找到一大堆的 HC-SR04 元件可以使用的程式庫。向下捲動，找到「Ultrasonic(by Erick Simoes)」程式庫，按「安裝」鈕。

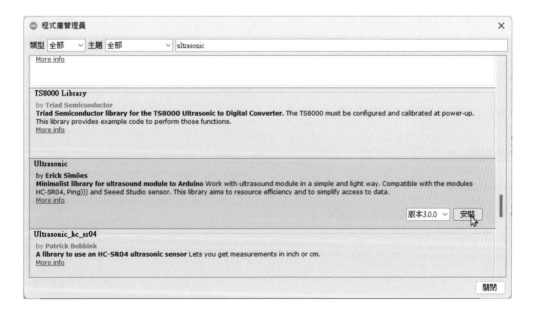

3 安裝完成，想要了解這個程式庫的用法，可以點選「More info」取得範例及更多資訊，結束請按「關閉」鈕。

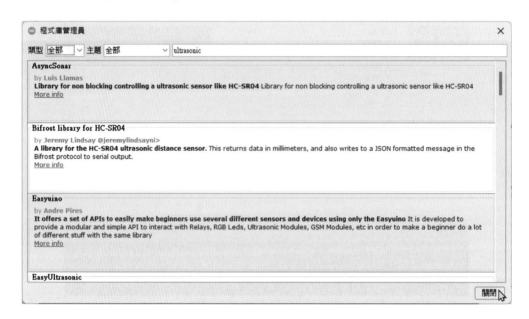

2-11-3 接線說明

HC_SR04 超音波感測器

- Trig 腳 接 控制板 12 號腳位。

- Echo 腳 接 控制板 13 號腳位。

- VCC 腳 接 控制板的 5V 腳位。

- GND 腳 接控制板的 GND 腳位。

無源蜂鳴器

- （＋）端 接 控制板的 7 號腳位。

- （-）端 接 控制板的 GND 腳位。

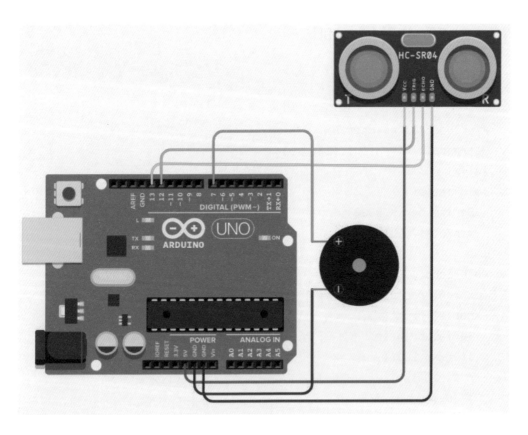

2-11-4 程式引導說明

完整程式碼

```
1   #include <Ultrasonic.h>
2   Ultrasonic ultrasonic(12, 13);
3   int x;
4   void setup() {
5     Serial.begin(9600);
6     pinMode(7,OUTPUT);
7   }
8   void loop() {
9     x = ultrasonic.read();
10    Serial.print(x);
11    Serial.println(" CM");
12    if (x < 20) {
13      digitalWrite(7,HIGH);
14    }else{
15      digitalWrite(7,LOW);
16    }
17    delay(500);
18  }
```

程式解說

第 1 行：匯入 Ultrasonic 程式庫，用於超音波感測器的操作。

第 2 行：建立 Ultrasonic 物件，並指定 trig 為 12 腳位，ech 為 13 腳位。

第 3 行：宣告一個整數變數 x，作為讀取超音波感測器的距離值。

第 4 行：setup() 函式，初始化設置。

第 5 行：初始化序列埠，設定通訊速率為 9600 bps。

第 6 行：設定 7 號腳位為輸出模式，用來控制蜂鳴器。

第 8 行：loop() 函式，重複執行主程式（第 9~17 行）。

第 9 行：讀取超音波感測器的距離值，並存到 x 變數中。

第 10-11 行：將距離值顯示在序列埠監控視窗中，單位為公分。

第 12 行：如果距離小於 20 公分，執行第 13 行程式碼。

第 13 行：將 7 號腳位輸出高電位，使連接的蜂鳴器響起來。

第 14 行：如果距離大於等於 20 公分，執行第 15 行程式碼。

第 15 行：將 7 號腳位輸出低電位，使連接的蜂鳴器靜音。

第 17 行：等待 500 毫秒，避免讀取距離值過於頻繁。

Section

2-12 聲音感測模組

2-12-1 實作說明

設計一個居家噪音檢測程式（音量依環境調整），符合以下要求：

- 當音量超過指定值時，LED 燈亮，0.5 秒後關關。
- 當音量未超過指定值時，LED 燈暗。

2-12-2 觀念解說

聲音感測模組

聲音感測模組類似一個微型的麥克風，但是它的功能並不是用來講話或是偵測聲音的分貝值，主要作用只是偵測是否有聲音。

有的聲音感測模組上有一個小型的十字旋鈕，可以用螺絲起子旋轉調整零敏度，靈敏度如果太高，可能連同一些風吹草動的聲音都會偵測到，靈敏度過低可能拍手拍得再大聲都偵測不到，而且由於聲音傳感器本身有傳輸的時間差，因此在接收到聲音後也會有些微的延遲現象。偵測有沒有聲音的原理主要根據「震動」，當偵測到「有」聲音的時候，會發送「高電位」訊號。

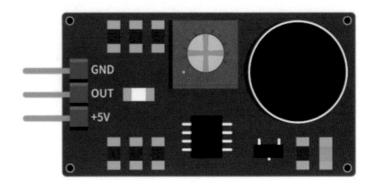

聲音感測模組最常見的是以下這個紅色模組，它有類比和數位兩個輸出腳，可以需要來選擇使用。這塊聲音感測模組價格便宜，但是缺點就是敏感度並不好，要很靠近發出聲音，而且音量要夠大超過門檻值，它才會有反應。

而「門檻值」則可以用一字起子來調整板子上的可變電阻：順時針，門檻值提高；逆時針，門檻值降低；調整時可以看綠燈有沒有亮。

用一字起子旋轉調整門檻值

音量大於門檻值，這個LED亮

接到類比腳位及數位腳位的差別是：

- 接到類比輸入腳位（A0~A5），測得的音量大小為 0~1023 的數值。
- 接到數位輸出腳位（D0），則是依 Threshold Value（門檻值），來決定輸出 LOW 或 HIGH。

我們這次的例子以常見的紅色的聲音模組來進行。它的 A0 類比輸出腳位，可以接到 Uno 板的類比輸入腳位，A0~A5，我們會依測得的音量大小，得到 0~1023 的數值。而 D0 數位輸出腳位，則是依 Threshold Value（門檻值），來決定輸出 LOW 或 HIGH。

2-12-3　接線說明

聲音感測模組

- A0 腳 接控制板的 A0 號腳位。

- VCC 腳 接 控制板的 5V 腳位。

- GND 腳 接 控制板的 GND 腳位。

LED 燈

- 長腳 透過 220 歐姆電阻 接 控制板的 3 號腳位。

- 短腳 接 控制板的 GND 腳位。

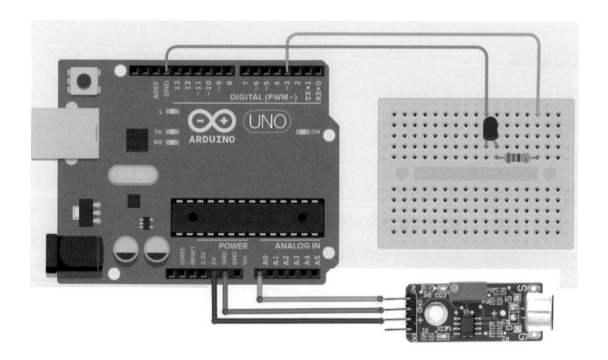

2-12-4 程式引導說明

完整程式碼

```
1   void setup() {
2     Serial.begin(9600);
3     pinMode(3,OUTPUT);
4   }
5   void loop() {
6     int x = analogRead(A0);
7     Serial.println(x);
8     if (x >35){
9       digitalWrite(3,HIGH);
10      delay(2000);
11    }else{
12      digitalWrite(3,LOW);
13    }
14    delay(100);
15  }
```

程式解說

第 1 行：setup() 函式，作初始化設置。

第 2 行：初始化序列埠通訊，並設定通訊速率為 9600。

第 3 行：設定腳位 3 為輸出模式，用來控制 LED 燈。

第 5 行：loop() 函式，重複執行主程式（第 6~14 行）。

第 6 行：讀取 A0 腳位的聲音感測模組類比訊號值，存到 x 變數。

第 7 行：將變數 x 值輸出到序列埠監控視窗，以便於監控聲音訊號的變化。

第 8 行：如果變數 x（音量）大於 35，執行第 9-10 行程式碼。

第 9-10 行：如果音量大於 35，則 LED 燈亮 2 秒。

第 11 行：否則（表示 變數 x（音量）小於等於 35），執行第 12 行程式碼。

第 12 行：LED 燈暗。

第 14 行：延遲 100 毫秒。

2-13 紅外線搖控器與接收頭

2-13-1 實作說明

設計一個紅外線搖控器與紅外線接收頭程式，符合以下要求：

● 當按下紅外線搖控器按鈕時，在序列埠監控視窗顯示該按鈕代碼。

2-13-2 觀念解說

紅外線發射與接收，常見於我們日常生活的電器用品，只要是透過「紅外線遙控器」操控的電器（電視機、冷氣機、玩具 ... 等），都是利用紅外線發射與接收的原理。當然紅外線也有它的缺點，像是距離有限、不能有物品阻隔等，但只是作為實驗用途，這些問題其實不用太在意。

我們把紅外線的範例分兩部分：接收篇及傳送篇，本單元先介紹有關於接收篇的部分，也就是使用紅外線接收頭，當然也可以選擇更方便的紅外線模組。

紅外線接收頭

市面上最常見的是以下這種的紅外線接收頭，價格便宜，但是使用時必須注意接腳的正確腳位接法。

左
S(訊號) 中
GND 右
5V

紅外線接收頭是一種用於接收紅外線訊號的感測器。它通常由一個紅外線接收器和一個解碼器組成。紅外線接收器會接收由發射器發出的紅外線訊號，然後將其轉換為電信號。解碼器會解讀這些電信號，並將其轉換為可供使用的數據。

紅外線接收頭常用於遙控器、紅外線感應器、安全系統等方面。例如，當您按下遙控器上的按鈕時，遙控器會發射一個特定頻率的紅外線訊號。紅外線接收頭會接收這個訊號，並將其轉換為電信號。然後，解碼器會解讀這些電信號，並將其轉換為遙控器上對應按鈕的信號，進而控制遙控器所連接的設備。

在 Arduino 中，您可以使用紅外線接收頭模塊來接收紅外線訊號，並進行相應的操作。通常，推薦使用 IRremote 程式庫來編程紅外線接收頭。

當然市面上也有紅外線收模組在販售，使用方法相同。

紅外線遙控器

紅外遙控器是一種使用紅外線訊號來控制電子設備的遙控器。它是一種非接觸式的控制方式，通常由一個發射器和一個接收器組成。發射器會發射一個特定頻率的紅外線訊號，而接收器會接收這個訊號，然後將其轉換為可供使用的數據，進而控制電子設備。

紅外遙控器具有許多優點，例如易於使用、方便、無須線路連接等。它被廣泛應用於家庭娛樂、智能家居、安全系統和工業控制等方面。

紅外線遙控器具有多種按鈕，每個按鈕可以發射指定代碼，通常都與紅外線接收模組搭配使用，應用在紅外線操控。例如，當您按下電視機遙控器上的按鈕時，遙控器會發射一個特定頻率的紅外線訊號。電視機上的紅外線接收頭會接收這個訊號，並將其轉換為電視機的控制信號，進而控制電視機的開關、音量、頻道等功能。

下載紅外線遙控（**IRremote**）程式庫

紅外線接收頭必須安裝配合的程式庫，紅外線遙控的程式庫頗多，因為早期 Arduino 內建的 IRremote by shirriff 這個好用的程式庫，並沒有在 Arduino IDE 預設可自動匯入的程式庫清單中，所以我們必須的由有名的 Arduino.cc 網站去下載適合的 IRremote 程式庫。

- 網址：https://www.arduino.cc/

知名的有 NEC、SONY 等廠商都有其一套專屬的紅外線通訊協定（protocol），所以不同廠商的遙控器常常無法控制其他廠商的電器，而 IRremote 程式庫的優點是一般廠商常見的紅外線協定它都有支援。

當然你也可以直接到該紅外線遙控程式庫處下載。

- 網址：https://www.arduino.cc/reference/en/libraries/irremote/

(1) 進入 Arduino.cc 網站。

② 在搜尋處輸入【IRremote】關鍵字後，按「Enter」鍵。

③ 找到 6 個結果，點選「IRremote」。

④ 進到這個程式庫的主頁面，可以看到作者中有 shirriff，那就表示你找對了！可以看看這個程式庫的各版本說明及支援的開發板等資料。請將網頁往下捲動直到「Releases」處。

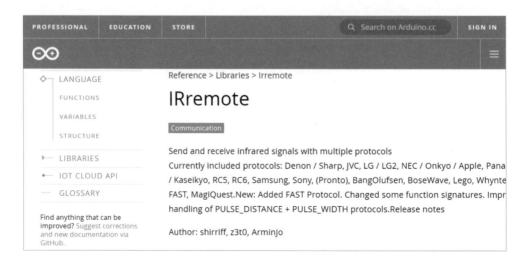

5 可以發現最新的版本是 4.1.2 版本，但是它不是我們要的，請選擇較為通用的「2.2.3」版，點選它會下載一個「IRremote-2.2.3.zip」檔案在「下載」的資料夾。

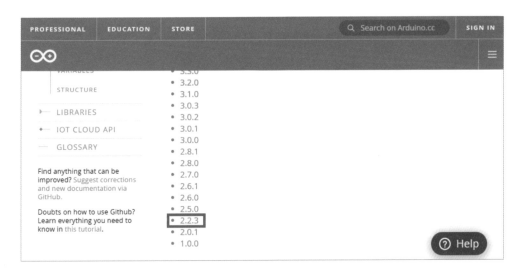

安裝紅外線遙控（**IRremote**）程式庫

接下來介紹如何安裝這種 ZIP 類型的程式庫，先確認「IRremote-2.2.3.zip」檔案的資料夾。

1 開啟 Arduino IDE，選擇功能表「草稿碼 / 匯入程式庫 / 加入 .ZIP 程式庫…」。

② 點選「桌面 / 下載 」資料夾中的「IRremote-2.2.3.zip」檔案後，按「開啟」鈕。

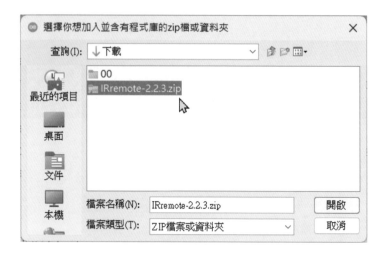

③ 下方會顯示「已加入程式庫」訊息。

2-13-3 接線說明

請注意，不同的紅外線遙控器可能會發射不同頻率的紅外線訊號，因此您需要確認您的紅外線接收頭支援您的遙控器所使用的頻率，並進行相應的配置。

- 左腳 接 控制板 8 號腳位。

- 中腳 接 控制板 GND 腳位。

- 右腳 接 控制板 5V 腳位。

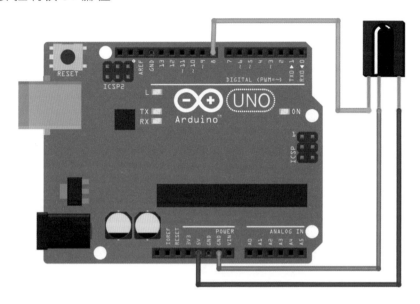

2-13-4 程式引導說明

因為每個紅外線接收頭的解碼未必相同，若是讀者使用的紅外線接收頭無法使用以下程式時，建議就換另外的 IRremote 程式庫，並參考「範例 / 第三方 IRremote / ReceiveDemo」來參考。

完整程式碼

```
1   #include <IRremote.h>
2   IRrecv irrecv(8);
3   decode_results results;
4   void setup()
5   {
6     Serial.begin(9600);
7     irrecv.enableIRIn();
8     Serial.println("Enabled IRin");
9   }
10  void loop() {
11    if (irrecv.decode(&results)) {
12      Serial.println(results.value, HEX);
13      irrecv.resume();
14    }
15    delay(100);
16  }
```

程式解說

第 1 行：引入 IRremote 程式庫，這個程式庫提供了紅外線相關的函式庫，可用於建立紅外線接收器或發射器。

第 2 行：建立一個 IRrecv 物件，這個物件將使用 8 號腳位來接收紅外線訊號。

第 3 行：建立一個 decode_results 結構，用於儲存接收到的紅外線訊號。

第 4 行：setup() 函式，初始化設置。

第 6 行：啟用序列通訊，便於輸出程式運行狀態，設定速率為 9600。

第 7 行：啟用紅外線接收器。

第 8 行：輸出啟用紅外線接收器的訊息「Enabled Irin」。

第 10 行：oop() 函式，重複執行主程式 (第 11-16 行)。

第 11 行：檢查是否接收到紅外線訊號。

第 12 行：將訊號轉換為 16 進位的字串並輸出到序列埠。

第 13 行：恢復等待接收下一個訊號。

第 15 行：控制程式延遲 100 毫秒，以便讓 CPU 有時間處理其他任務。

Section
2-14 紅外線發射 LED

2-14-1 實作說明

設計一個紅外線發射 LED 與紅外線接收器程式，符合以下要求：

- 紅外線發射 LED 發射訊號時，序列埠監控視窗顯示該代碼。

2-14-2 觀念解說

本單元接續上一個單元，介紹有關於紅外線發射篇的部分，也就是使用紅外線發射 LED。

紅外線發射 LED

紅外線發射 LED 是一種專門用於發射紅外線訊號的 LED。它與普通的 LED 類似，但它發射的是紅外線光線，而不是可見光。紅外線發射 LED 的工作原理與普通的 LED 類似。

需要注意的是，不同的紅外線發射 LED 可能支援不同的紅外線協定和頻率，因此在使用前需要確認其支援的協定和頻率。另外，紅外線發射 LED 的功率和發射距離也可能因不同的型號和驅動電路而有所不同。

市面也有紅外線發射器模組,是 3 個腳位。

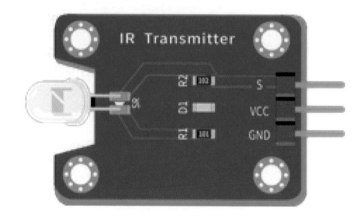

安裝 **IRremote** 程式庫

紅外線發射 LED 也是要安裝配合的程式庫,維持使用上一單元簡單易用的 IRremote
程式庫就可以了。

請注意:接線時訊號的腳位必須接在 PWM 的 3 號腳位,建議使用預設腳位,以避免
出現問題。

2-14-3 接線說明

- 長腳 透過 220 歐姆電阻接控制板 3 號腳位。
- 短腳 接 控制板 GND 腳位。

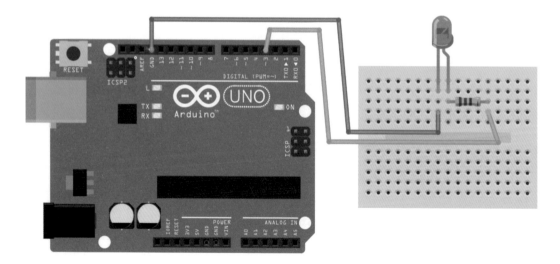

- S 腳 接 控制板 3 號腳位。

- VCC 腳 接 控制板 3.3V 腳位。

- GND 腳 接 控制板 GND 腳位。

2-14-4 程式引導說明

完整程式碼

```
1    #include <IRremote.h>
2    // 紅外線發射器預設腳位必須是 PWM3
3    IRsend irsend;
4    void setup() {
5      Serial.begin(9600);
6      Serial.println("Enabled IR");
7    }
```

```
8    void loop() {
9      for (int i = 0; i < 3; i++) {
10       irsend.sendSony(0xa90, 12);
11       Serial.println(i);
12       delay(40);
13     }
14     delay(5000);
15   }
```

程式解說

第 1 行：引入 IRremote 程式庫，這個程式庫提供了紅外線相關的函式庫，可用於建立紅外線接收器或發射器。

第 2 行：註釋說明紅外線發射器的預設腳位必須是 PWM3，建議使用預設腳位，以避免出現問題。

第 3 行：建立一個 IRsend 物件，用於控制紅外線發射器。

第 4 行：setup() 函式，初始化設置。

第 5 行：啟用序列通訊輸出程式運行狀態，並設定速率為 9600。

第 6 行：輸出啟用紅外線發射器的訊息「Enabled IR」。

第 8 行：loop() 函式，重複執行主程式。

第 9-14 行：在 loop() 函式中，使用 for 迴圈發送 3 次 Sony 型紅外線訊號，每次發送後延遲 40 毫秒。然後再延遲 5 秒，等待下一次發送訊號。

請注意，不同的紅外線設備可能使用不同的協定和頻率，因此您需要確認您的紅外線發射器支援您要發射的協定和頻率，並進行相應的配置。另外，建議在發射時保持紅外線發射器與紅外線接收器之間的距離不要太遠，以確保信號的穩定性和可靠性。

- irsend.sendSony() 為 Sony 型紅外線訊號
- irsend.sendNEC() 為 NEC 型紅外線訊號

有興趣的伙伴可以使用二塊 Arduino 開發板，一塊開發板用來發射紅外線訊號，一塊開發板用來接收紅外線訊號，再配合得到的訊號做出因應的動作。

2-15 7 段顯示器（共陰極）

2-15-1 實作說明

設計一個使用共陰極七段顯示器程式，符合以下要求：

● 從 9 到 0 的倒數計時。

2-15-2 觀念解說

7 段顯示器

7 段顯示器（Seven-segment display）是藉由七個 LED 燈（三橫四縱共 7 段）所組成，每個 LED 燈（段）都可以獨立控制，透過控制不同的 LED 燈（段）亮或滅，可以不同的組合顯示 0 到 9 的數字、A 到 F 的字母以及一些符號，例如小數點、短橫線等。

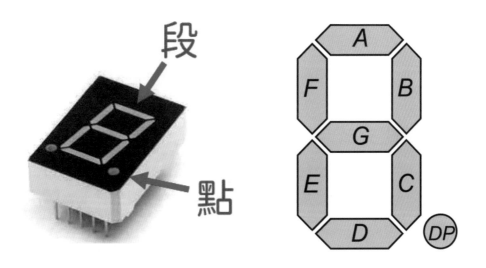

7 段顯示器有兩種常見的類型：共陰極顯示器和共陽極顯示器。

共陰極顯示器	共陽極顯示器
• 每個 LED 段的陰極都連接在一起。 • 每個 LED 段的陽極則分別接到不同的腳位上。 • 在顯示數字或字符時，需要透過控制不同的陽極來讓相應的 LED 段亮起。	• 每個 LED 段的陽極都連接在一起。 • 每個 LED 段的陰極則分別接到不同的腳位上。 • 在顯示數字或字符時，需要透過控制不同的陰極來讓相應的 LED 段亮起。

7 段顯示器常用於數字計時器、計數器、溫度計、電子秤、電子鐘等設備中。在 Arduino 等微控制器中，可以透過使用相對應的 7 段顯示器 LED 燈來編程控制 7 段顯示器。

2-15-3 接線方式

因為 7 段顯示器中 7 段都是 LED 燈，所以每一顆 LED 燈都要加上 220 歐姆電阻，才不會通電後燒壞。這次使用的是共陰極 7 段 LED 燈，接的腳位是：6,7,8,9,10,11,12，右下角的點用 pin 5。

● 電源腳 接 控制板的 5V 腳位。

● GND 腳 接 控制板的 GND 腳位。

● a 腳 接 控制板的 6 號腳位。

● b 腳 接 控制板的 7 號腳位。

● c 腳 接 控制板的 8 號腳位。

- d 腳 接 控制板的 9 號腳位。

- e 腳 接 控制板的 10 號腳位。

- f 腳 接 控制板的 11 號腳位。

- g 腳 接 控制板的 12 號腳位。

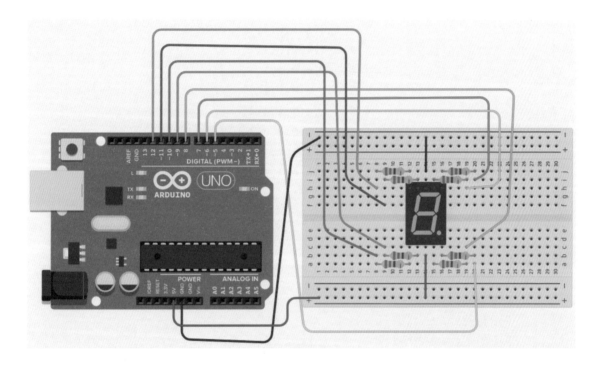

2-15-4 程式引導說明

完整程式碼

```
1    byte n_seg[10][7] = { { 1,1,1,1,1,1,0 },   // = 0
2                          { 0,1,1,0,0,0,0 },   // = 1
3                          { 1,1,0,1,1,0,1 },   // = 2
4                          { 1,1,1,1,0,0,1 },   // = 3
5                          { 0,1,1,0,0,1,1 },   // = 4
6                          { 1,0,1,1,0,1,1 },   // = 5
7                          { 1,0,1,1,1,1,1 },   // = 6
8                          { 1,1,1,0,0,0,0 },   // = 7
9                          { 1,1,1,1,1,1,1 },   // = 8
10                         { 1,1,1,0,0,1,1 }    // = 9
11                                     };
12
13   void setup() {
14     pinMode(5, OUTPUT);
15     pinMode(6, OUTPUT);
16     pinMode(7, OUTPUT);
17     pinMode(8, OUTPUT);
18     pinMode(9, OUTPUT);
19     pinMode(10, OUTPUT);
20     pinMode(11, OUTPUT);
21     pinMode(12, OUTPUT);
22     writeDot(0);
23   }
24   void writeDot(byte dot) {
25     digitalWrite(5, dot);
26   }
27   void n_Write(byte digit) {
28     byte pin = 6;
29     for (byte s = 0; s < 7; ++s) {
30       digitalWrite(pin, n_seg[digit][s]);
31       ++pin;
32     }
33   }
34   void loop() {
```

```
35      for (byte i = 10; i > 0; --i) {
36       delay(1000);
37       n_Write(i - 1);
38      }
39      delay(4000);
40    }
```

程式解說

這是一個使用共陰極七段顯示器顯示從 9 到 0 的倒數計時的 Arduino 程式。

第 1-11 行：　定義了一個二維陣列 n_seg 用來儲存 0~9 每個數字要顯示的七段 LED 的狀態（1- 表示亮燈，0- 表示滅燈），如 n_seg[0] 存儲了顯示數字 0，以此類推。

第 13 行：　　setup() 函式，初始化設置。

第 14-21 行：設置了 7 個數字 LED（a,b,c,d,e,f,g）的腳位（6,7,8,9,10,11,12）為輸出模式和一個小數點 LED 的腳位（5）為輸出模式，控制將數字顯示在七段顯示器上。

第 22 行：　　writeDot() 函式將小數點 LED 的狀態設置為滅燈。

第 24-26 行：自定義函式 writeDot() 用於控制小數點 LED 的狀態，0- 表示滅燈，1- 表示亮燈。

第 27-33 行：自定義函式 n_Write() 用於控制七段顯示器顯示指定的數字，中使用 for 語法由第 6 腳位循遍該數字顯示需要的每個 LED 腳位，並使用 digitalWrite() 函式將每個 LED 的狀態寫入對應的輸出腳位。

第 34 行：　　loop() 函式，執行主程式。

第 35-38 行：for 迴圈從 9 開始倒數計時，每個數字顯示一秒，然後透過 n_Write() 函式顯示下一個數字。

第 39 行：　　當倒數計時結束後，暫停 4 秒然後再次開始循環。

2-16 4 位 7 段顯示器（共陽極）

2-16-1 實作說明

設計一個使用共陰極七段顯示器程式，符合以下要求：

- 從 9 到 0 的倒數計時。

2-16-2 觀念解說

4 位 7 段顯示器

前面單元介紹過 7 段顯示器是一種常見的數字顯示器件，可以顯示數字、字母、符號等。而 4 位 7 段顯示器是指有 4 個 7 段顯示器組成的一個顯示器模組，可以同時顯示四個數字、字母或符號。

以下是四種常見的 4 位 7 段顯示器：

- 共陽極 4 位 7 段顯示器：4 個 7 段顯示器的陽極都連接在一起，而每個 7 段顯示器的陰極則分別連接到單獨的輸出端口。

- 共陰極 4 位 7 段顯示器：4 個 7 段顯示器的陰極都連接在一起，而每個七段顯示器的陽極則分別連接到單獨的輸出端口。

- I2C 介面 4 位 7 段顯示器：包括 4 個 7 段顯示器和一個 I2C 介面的擴展板，可以透過 I2C 介面來控制顯示器顯示不同的數字、字母、符號等。這種顯示器通常比

較方便使用，特別是當需要使用多個 7 段顯示器時，可以透過 I2C 地址的設置，同時控制多個顯示器。

- MAX7219 型 4 位 7 段顯示器：包括 4 個 7 段顯示器和一個控制芯片（通常是 MAX7219）。這個芯片可以同時控制多個七段顯示器，以顯示不同的數字、字母、符號等，相當方便使用，尤其是要使用多個 4 位 7 段顯示器時，可以透過控制芯片來同時控制多個顯示器。

本實作使用的是**共陽極**4 位 7 段顯示器，4 位七段顯示器會需要 8 個腳位控制其上的 LED，再加上各 4 個共陽腳位，因此基本上會有 12 個腳位。

4 位 7 段顯示器，上下各有 6 個腳位，它們有各自的上方有六個腳位，最左下方的腳位編號是 1，依逆時針依序編號至 6，然後右上方是 7，依逆時針編號至左上方的 12。

本範例採用 SevSeg 程式庫，可以在 4 位 7 段顯示器上顯示計數，如 0.1 或 128.6 等。

其中上下二排 12 個腳位除了編號外，其實它們都是有指定的代號：

- 上排：D1、A、F、D2、D3、B
- 下排：E、D、DP、C、G、D4

其中 D1，D2，D3，D4 四個腳位是決定位數的，不要忘了幫這 4 條線加上 220 歐姆的電阻。

- D1：千位數

- D2：百位數

- D3：十位數

- D4：個位數

安裝 SevSeg 程式庫

推薦一個簡單易用 SevSeg 程式庫，可以簡單的幾行程式就完成。

① 選擇功能表「工具 / 管理程式庫」。

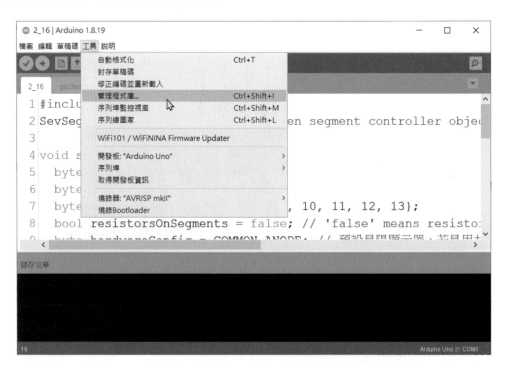

② 在搜尋處輸入【SevSeg】，找到 SevSeg 程式庫，按「安裝」鈕。

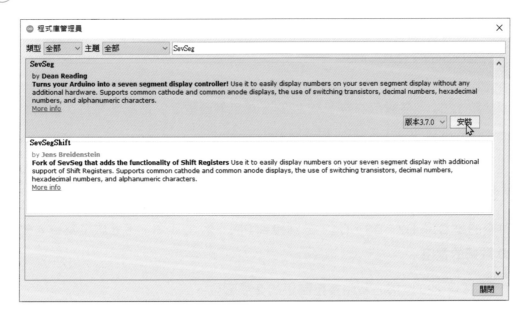

③ 安裝完成，想要了解這個程式庫的用法，可以點選「More info」取得範例及更多
資訊，結束請按「關閉」鈕。

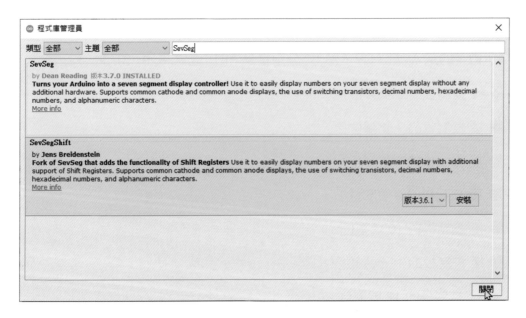

servseg.setNumber() 函式用法

使用 sevseg.setNumber() 函式可以快速顯示數字，如：

```
sevseg.setNumber(1234, 3);
```

第一個參數 1234 是要顯示的數字為 1234，第二個參數 3 就是指定要有 3 位的小數，所以這行程式就會顯示 1.2341，相當簡單！

2-16-3 接線方式

決定位數的是 D1，D2，D3，D4，分別接到 PIN：2, 3, 4, 5，不要忘了幫這 4 條線加上 **220 歐姆的電阻**。

- D1 腳 透過 220 歐姆的電阻接控制板的 2 號腳位。

- D2 腳 透過 220 歐姆的電阻接控制板的 3 號腳位。

- D3 腳 透過 220 歐姆的電阻接控制板的 4 號腳位。

- D4 腳 透過 220 歐姆的電阻接控制板的 5 號腳位。

決定顯示數字的是 A~G、DP（點），分別接到 PIN：6, 7, 8, 9, 10, 11, 12, 13。

- A 腳 接 控制板的 6 號腳位。

- B 腳 接 控制板的 7 號腳位。

- C 腳 接 控制板的 8 號腳位。

- D 腳 接 控制板的 9 號腳位。

- E 腳 接 控制板的 10 號腳位。

- F 腳 接 控制板的 11 號腳位。

- G 腳 接 控制板的 12 號腳位。

- DP 腳 接 控制板的 13 號腳位。

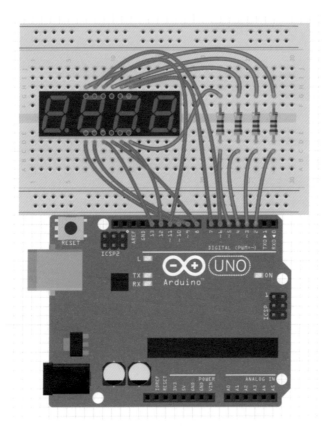

2-16-4 程式引導說明

完整程式碼

```
1   #include "SevSeg.h"
2   SevSeg sevseg;
3   void setup() {
4     byte numDigits = 4;
5     byte digitPins[] = {2, 3, 4, 5};
6     byte segmentPins[] = {6, 7, 8, 9, 10, 11, 12, 13};
7     bool resistorsOnSegments = false;
8     byte hardwareConfig = COMMON_ANODE;
9     bool updateWithDelays = false;
10    bool leadingZeros = false;
11    sevseg.begin(hardwareConfig, numDigits, digitPins, segmentPins,
    resistorsOnSegments, updateWithDelays, leadingZeros);
12    sevseg.setBrightness(90);
13  }
14  void loop() {
15    static unsigned long timer = millis();
16    static int deciSeconds = 0;
17    if (millis() >= timer) {
18      deciSeconds++;
19      timer += 100;
20      if (deciSeconds == 10000) {
21        deciSeconds=0;
22      }
23      sevseg.setNumber(deciSeconds, 1);
24    }
25    sevseg.refreshDisplay();
26  }
```

程式解說

第 1 行：匯入 SevSeg.h 程式庫。

第 2 行：宣告一個 SevSeg 類別的 sevseg 物件，用來控制 4 位七段顯示器。

第 3 行：setup() 函式，初始代設置及初始化 4 位七段顯示器（第 4~12 行）。

第 4 行：變數 numDigits＝4，指定顯示器有 4 個數字。

第 5 行：一維陣列 digitPins，指定顯示器的 4 個位元（即 4 個數字）要使用哪些腳位（本例為 2、3、4 和 5）。

第 6 行：一維陣列 segmentPins，指定顯示器的 7 個段要使用哪些腳位（本例為 6、7、8、9、10、11 和 12）。

第 7 行：布林變數 resistorsOnSegments，指定是否在每個段上加上電阻（本例設置為 false，表示沒有每個段都加上電阻）。

第 8 行：變數 hardwareConfig，指定 4 位七段顯示器的硬體設定，本例設為 COM-MON_ANODE，表示使用共陽極的七段顯示器。

第 9 行：布林變數 updateWithDelays，指定是否使用延遲來更新顯示器，本例為 false，表示不延遲。

第 10 行：布林變數 leadingZeros，指定是否在前面補零。本例設置為 false，表示前面不補零。

第 11 行：sevseg.begin() 函式初始化七段顯示器。

第 12 行：sevseg.setBrightness() 函式來設定顯示器的亮度為 90。

第 14 行：loop() 函式，重複執行主程式（第 15-25 行），用來控制七段顯示器顯示計時器。

第 15 行：靜態變數 timer，用來記錄上一次更新顯示器的時間。

第 16 行：靜態變數 deciSeconds，用來記錄計時器的值，每增加 1 表示經過 0.1 秒。

第 17 行：如果現在的時間 millis() 超過上一次更新顯示器的時間（timer），就執行以下程式碼（第 19-23 行）。

第 18 行：計時器增加 1。

第 19 行：將 timer 設定為現在的時間再加上 100 毫秒，以便下一次更新顯示器。

第 20-21 行：如果計時器的值達到 10000，表示計時器已經經過 1000 秒（10 秒 * 100），就將計時器的值設定為 0，重新計時。

第 23 行：使用 sevseg.setNumber() 函式顯示計時器的值，並將顯示的位數設為 1，表示只顯示一個數字。

第 25 行：使用 sevseg.refreshDisplay() 函式來更新顯示器的顯示。

2-17 SG90 伺服馬達

2-17-1 實作說明

用 SG90 伺服馬達設計模仿停車場的匣門開關程式，符合以下要求：

- 匣門降下（0 度），LED 燈亮以示警告。
- 匣門開啟（90 度），LED 燈關閉。
- 4 秒後重複一次閘門開始 / 關閉。

2-17-2 觀念解說

伺服馬達（型號 SG90）

SG90 是一款小型伺服馬達，常用於模型、機器人、小型擺錘等項目中。它的尺寸為 23mm x 12.2mm x 29mm，重量僅為 9 克，因此非常適合在空間有限的應用中使用。

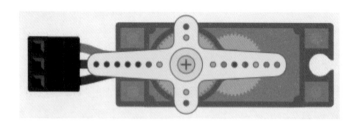

伺服馬達有標準 3 個腳位，模組上沒有特別標示腳位，而是以顏色區分。

- 橘色：訊號線
- 紅色：VCC
- 咖啡色：GND

常見的伺服馬達 SG90 有二種，請注意！二者的外觀跟型號都是一樣的。

- 90~180 度：可控制角度
- 360 度：不能控制角度，只能控制正轉或反轉的方向。

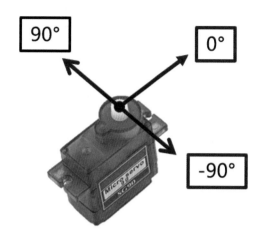

伺服馬達的 PWM 的訊號週期約 20ms（毫秒），每一週期的前 1~2ms 脈衝寬度，決定轉動角度。

伺服馬達能由程式控制馬達的旋轉角度，搭配各種齒輪組合，能應用在玩具、模型屋、機械夾臂 ... 等領域，實現有趣好玩的創意。伺服馬達是機械手臂及機械柵欄的基礎，可以透過 PWM 訊號控制旋轉角度的動力輸出裝置。

SG90 的工作電壓為 5V，具有良好的轉速和轉矩性能。SG90 透過 PWM 信號控制，可以實現角度的精確控制，具有良好的反應速度和精度，它還具有良好的耐久性和可靠性，可長時間穩定運行。

需要注意的是，SG90 伺服馬達的電流輸入需注意不超過 500mA，如果需要控制多個伺服馬達，則需要使用外部電源和電源分配器等相關電路設計。

要注意當單一顆伺服馬達在運作時，所需電流大約是 300mA，如果需要使用 2 顆以上的伺服馬達同時運作時，就要外接高電流的變壓器來供電囉，不然會經常發生伺服馬達抖動的情況。

內建 Servo 程式庫

大多數的情況，我們都會選擇使用 Arduino IDE 內建的 Servo 程式庫來控制伺服馬達，雖然是透過 PWM 來控制伺服馬達，但不表示一定要用有 PWM 的腳位喔！

這個程式庫在 Uno 板上，會停用 D9 以及 D10 腳位的 PWM 功能，也就是這兩個腳位使用 analogWrite() 時會出問題。

要設定伺服馬達接到 PIN 9 時，可以如下設定：

```
myservo.attach(9);
```

想要控制伺服馬達的角度時，只要使用 write（控制角度），其中控制角為參數為 0-180（度）之間。

```
myservo.write(90);
```

2-17-3 接線說明

建議可以在伺服馬達上裝上吸管，較能呈現匣門開關效果。

伺服馬達 SG90

- 橘色線 接 控制板的 9 號腳位。
- 紅色線 接 控制板的 5V 或 3.3V 腳位（依 SG90 實際狀況為準）。
- 咖啡色線 接 控制板的 GND 腳位。

LED 燈

- 長腳位 透過 220 歐姆電阻接控制板的 3 號腳位。
- 短腳位 接 控制板的 GND 腳位。

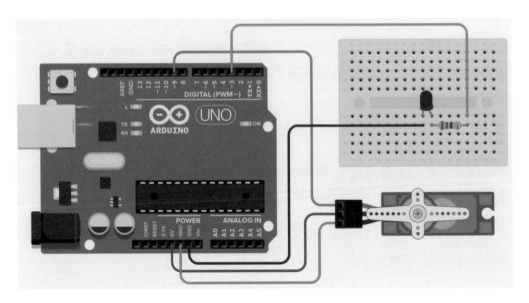

2-17-4 程式引導說明

完整程式碼

```
1   #include <Servo.h>
2   Servo myservo;
3   void setup() {
4     myservo.attach(9);
5     pinMode(3,OUTPUT);
6   }
7   void loop() {
8     myservo.write(0);
9     digitalWrite(3,HIGH);
10    delay(2000);
11    myservo.write(90);
12    digitalWrite(3,LOW);
13    delay(2000);
14  }
```

程式解說

第 1 行：匯入 Servo.h 程式庫，這是內建的，不用安裝。

第 2 行：建立 myservo 的 Servo 物件。

第 3 行：setup() 函式，初始化設置。

第 4 行：設定 SG90 伺服馬達的控制為 9 號腳位。

第 5 行：將 3 號腳位設為輸出模式，用來控制 LED 燈。

第 7 行：loop() 函式，重複執行主程式（第 8~13 行）。

第 8 行：控制 SG90 伺服馬達旋轉到 0 度位置，也就是歸零位置（放下匣門）。

第 9 行：控制 3 號腳位輸出高電位，點亮 LED 燈。

第 10 行：等待 2 秒，讓伺服馬達保持在匣門放下狀態 2 秒。

第 11 行：控制 SG90 伺服馬達旋轉到 90 度位置，表示打開匣門。

第 12 行：控制 3 號腳位輸出低電位，熄滅 LED。

第 13 行：等待 2 秒，讓伺服馬達保持在匣門打開狀態 2 秒。

Section

2-18 步進馬達

2-18-1 實作說明

用步進馬達設計程式，符合以下要求：

- 每旋轉一圈，LED 燈就亮 0.5 秒。

2-18-2 觀念解說

在 Arduino 的學習套件裡，28BYJ-48 步進馬達（Stepper motor）需要搭配 ULN2003 驅動板一併使用，這樣子步進馬達就可以依照指示精準的旋轉角度，常運用在 3D 列印機等設備。

28BYJ-48 步進馬達通常由一個線圈驅動電路和一個步進馬達控制器組成。

- 線圈驅動電路用來提供步進馬達所需的電源和控制信號。

- 而步進馬達控制器則負責將輸入的控制信號轉換為步進馬達所需的輸出信號，控制步進馬達的運動。

28BYJ-48 步進馬達常用於控制機器人、打印機、電子鎖等設備中，也可以與 Arduino 等微控制器配合使用，實現精確的運動控制。由於 28BYJ-48 步進馬達經濟實惠、易於操作，因此在教學、DIY 和學生科研等領域也得到了廣泛應用。

28BYJ-48 步進馬達

28BYJ-48 是一種經濟實惠、低功耗、低噪音的直流步進馬達，由 5 個線圈驅動，可以實現 360 度的旋轉。

它的步進角度為每一步轉 5.625 度，28BYJ-48 步進馬達的轉速較慢，最高轉速約為 15 轉 / 分鐘，但轉矩較大，可以承受一定的負載。

28BYJ48 的步進角度是 5.625 度，馬達減速比是 1：64，也就是 64 個步才能完成一個完整 360 度旋轉。若是給 28BYJ48 步進馬達發送一個脈衝訊號時，電機旋轉（5.625/64）度，若要旋轉一圈（360 度）時，就需要發送 360/（5.635/64）＝4096 個脈衝信號，也就是說轉一圈總共是 4096 個 step。

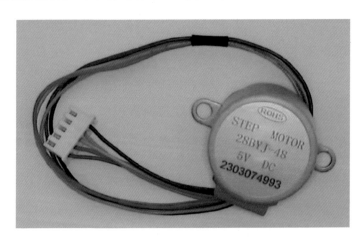

ULN2003 驅動板

ULN2003 芯片是一種常用的高壓、高電流達 500mA 的集成電路,所以 ULN2003 驅動板具有使用方便、成本低廉、性能穩定等優點,故廣泛應用於步進馬達驅動器和其他控制電路,功能是用來於控制步進馬達的轉動。

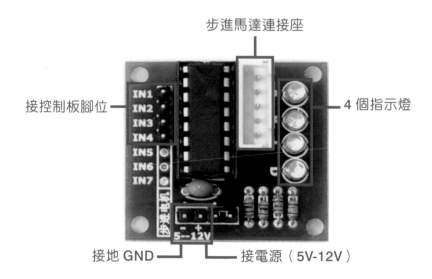

步進馬達連接座

接控制板腳位 —— IN1 IN2 IN3 IN4 IN5 IN6 IN7

4 個指示燈

接地 GND ——— 5--12V ——— 接電源(5V-12V)

ULN2003 驅動板通常具有 2 組接口:

- 一組用於連接步進馬達的接口。

- 一組用於連接控制板腳位的接口(IN1、IN2、IN3、IN4 四個接腳)。

ULN2003 驅動板可以透過 IN1~IN4 接腳的不同組合方式,來控制步進電機的運動方向:

- 當 IN1 和 IN3 接腳均輸入高電位時,步進電機會以一個方向運動。

- 當 IN2 和 IN4 接腳均輸入高電位時,步進電機會以另一個方向運動。

因此,如果要確定步進電機的具體運動方向,需要考慮整個驅動板的接線方式以及輸入信號的組合方式。

總之,這四個腳位可以控制步進電機的運動方向和停止,透過不同的信號輸入可以實現步進電機的正反轉和停止等操作。

安裝 Unistep2 程式庫

Arduino 是有內建步進馬達的程式庫,但是並不好用,推薦使用第三方的 Unistep2 程式庫,初學者也能快速上手!

① 選擇功能表「工具 / 管理程式庫」。

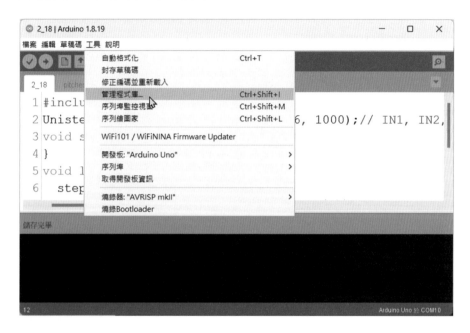

② 在搜尋處輸入【Unistep2】,找到 Unistep2 程式庫,按「安裝」鈕即可。

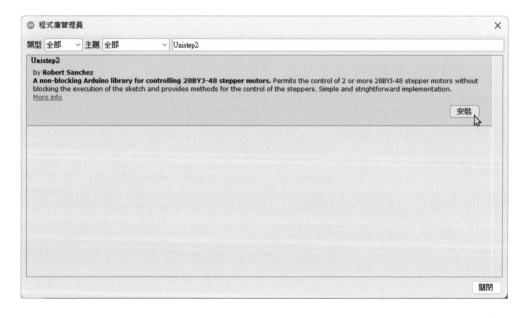

③ 安裝完成，想要了解這個程式庫的用法，可以點選「More info」取得範例及更多
資訊，結束請按「關閉」鈕。

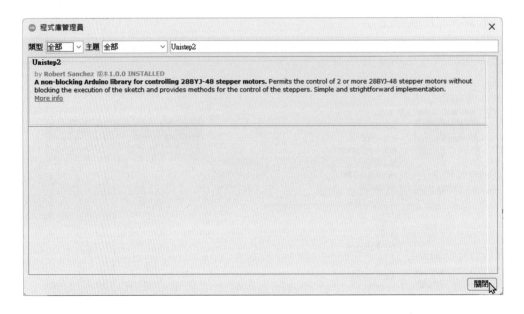

2-18-3 接線說明

28BYJ-48 步進馬達

- 接頭組直接插到 ULN2003 驅動板的插座上。

ULN2003 驅動板

- IN1 腳 接 控制板的 8 號腳位。

- IN2 腳 接 控制板的 9 號腳位。

- IN3 腳 接 控制板的 10 號腳位。

- IN4 腳 接 控制板的 11 號腳位。

- 電源（＋）腳 接 控制板的 5V 腳位。

- 接地（-）腳 接 控制板的 GND 腳位。

LED 燈

- 長腳 透過 220 歐姆 接 控制板的 3 號腳位。

- 短腳 接 控制板的 GND 腳位。

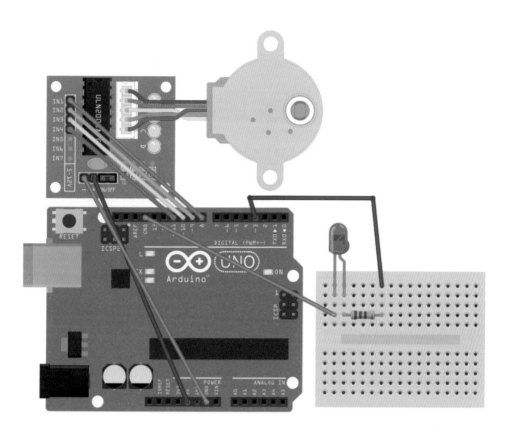

2-18-4 程式引導說明

完整程式碼

```
1   #include <Unistep2.h>
2   Unistep2 stepper(8, 9, 10, 11, 4096, 1000);
3   void setup(){
4     pinMode(3,OUTPUT);
5   }
6   void loop(){
7     stepper.run();
8     if ( stepper.stepsToGo() == 0 ){
9       digitalWrite(3,HIGH);
10      delay(500);
11      stepper.move(4096);
12      digitalWrite(3,LOW);
13      delay(500);
14    }
15  }
```

程式解說

第 1 行：引用 Unistep2 程式庫，它提供了控制步進馬達的函數。

第 2 行：定義一個名為 stepper 的 Unistep2 物件，並指定 8、9、10、11 四個引腳。
分別控制步進馬達的四個控制引腳（IN1~IN4），指定步進馬達轉一圈所需的步數為 4096、步進馬達的最大速度指定為 1000。

第 3 行：steup() 函式，初始化設置。

第 4 行：設置 3 號腳位為輸出模式，控制 LED 燈的開關。

第 6 行：loop() 函式，執行主程式。

第 7 行：用 stepper.run() 函數來控制步進馬達的持續運動。

第 8 行：當步進馬達運動步數等於 0 時，表示回到起始點（歸零），執行下面的程式碼。

第 9-10 行：讓 LED 燈亮 500 毫秒。

第 11 行：使步進馬達運動 4096 個步數，即讓它回到起始位置。

第 12-13 行：讓 LED 燈熄滅 500 毫秒。

2-19 火焰感測器

2-19-1 實作說明

設計火焰感測器程式，符合以下要求：

- 當感測到有火焰時，在序列埠監控視窗顯示 "Fire" 文字，並讓蜂鳴器發出警告聲響。

- 當沒有感測到有火焰時，在序列埠監控視窗顯示 "no Fire" 文字，並讓蜂鳴器靜音。

2-19-2 觀念解說

火焰傳感器（紅外線接收三極管）

火焰傳感器是專門用來搜尋火源的傳感器，對火焰特別靈敏。火焰傳感器內含紅外線（IR）接收管，可以檢測火焰所放出的紅外線能量（光焰亮度），這種能量主要來自火焰的熱輻射，火焰傳感器可以把火焰的紅外線能量轉化為高低變化的電子信號，就可以由 Arduino 控制板來依據信號的變化做出相應的處理。

請注意！火焰傳感器接線時，**短腳**要先接 10K 歐姆的電阻後，再接 5V 的電源腳位；而**長腳**是接 GND 端的。這個和 LED 的接法是不同的。

火焰傳感器常應用於火災警報系統或工業安全監測系統等各種場合，例如化工廠、石油化工、鋼鐵冶金、煤礦等危險場所，以及商業建築和住宅等場所。火焰傳感器可以提高火災的檢測和反應速度，幫助保護人員和財產的安全。

2-19-3 接線說明

火焰感測器

- 長腳 接 控制板 GND 腳位。
- 短腳 透過 10K 歐姆電阻後接控制板的 5V 腳位。
- 短腳 接 控制板的 3 號腳位。

蜂鳴器

- ＋ 腳 接 控制板的 8 號腳位。
- - 腳 接 控制板的 GND 腳位。

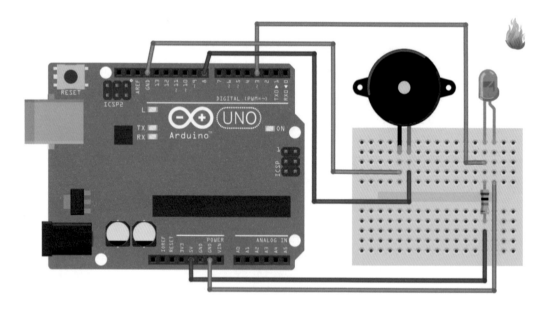

2-19-4 程式引導說明

完整程式碼

```
1    void setup() {
2      pinMode(13, OUTPUT);
3      pinMode(3, INPUT);
4      Serial.begin(9600);
5    }
6    void loop() {
7      int x = digitalRead(3);
8      if (x== LOW) {
9        Serial.println("Fire");
10       digitalWrite(13, HIGH);
11     }else{
```

```
12      '   Serial.println("no Fire");
13          digitalWrite(13, LOW);
14        }
15      delay(100);
16    }
```

程式解說

第 1 行：setup() 函式，初始化設置。

第 2 行：設置腳位 13 為數位輸出模式，控制蜂鳴器。

第 3 行：設置腳位 3 為數位輸入模式，以便讀取火焰傳感器的輸出信號。

第 4 行：設置序列埠通訊速率為 9600，與序列埠監控視寫進行通訊。

第 6 行：loop() 函式，執行主程式。

第 7 行：digitalRead(3) 由腳位 3 的讀取輸入信號值，儲存整數變數 x，該信號值為數字 0 或 1，其中 0(LOW) 表示沒有檢測到火焰，1(HIGH) 表示檢測到了火焰。

第 8 行：當 x=0(LOW) 時，表示有檢測到火焰時，執行下第 9-10 行程式碼。

第 9-10 行：當偵測到有火焰時，在序列埠監控視窗顯示 "Fire" 文字，並讓蜂鳴器發出警告聲響。

第 11 行：當 x 不等於 0 時，即沒有檢測到火焰時，執行下第 12-13 行程式碼。

第 12-13 行：當沒偵測到有火焰時，在序列埠監控視窗顯示 "no Fire" 文字，並讓蜂鳴器靜音。

第 15 行：每次檢測之間延遲 100 毫秒，以避免過於頻繁地檢測。

2-20 繼電器（Relay）

2-20-1 實作說明

設計一個繼電器程式，符合以下要求：

- 透過控制繼電器，讓 LED 燈亮 2 秒、暗 1 秒。

2-20-2 觀念解說

Arduino Uno 只能提供 5V 或 3.3V 的直流電給外部設備，若是我們需要更高電壓或是交流電，像是要控制電風扇、檯燈等，就必須使用繼電器（Relay）元件協助。

繼電器

繼電器（Relay），也稱電驛，是一種電控制器件，它可以使用小電流控制大電流的開關。繼電器的主要優點是可以處理高電壓和大電流，並且可以實現隔離和保護。

繼電器會把它的容許電壓、電流印在上面，AC 就是交流電，如 10A 125V AC，而 DC 是直流電，如 10A 28VDC。繼電器通常由控制端（又稱輸入迴路）和被控端（又稱輸出迴路）兩部分組成，其中控制系統包括控制電路和電磁鐵，被控系統則包括開關電路和負載。

被控端（輸出迴路）

控制端（輸入迴路）

- 控制端：有 3 個接腳，負責與 Arduino 控制板連接。

  - S 腳（或 IN 腳）：接數位腳位，透過訊號來控制繼電器的開或關。

  - + 腳（或 VCC 腳）：接 5V 腳位

  - - 腳（或 GND 腳）：接 GND 腳位

- 被控端：有 3 個接腳，負責接電源線。

  - NO（Normal Open 常開）：正常情況它是不通電的。

  - COM（Common Ground 共接電）：通常會把外電先接到這個 COM 接腳，再從 NO 或 NC 接到外部設備上。

  - NC（Normal Close 常閉）：正常情況下它在是接通的。

其中 NO 和 NC 一次只會接一個，至於要接哪一個，就要看實際的情況了。

繼電器的控制端的接線，要利用十字螺絲起子，將電線旋緊。

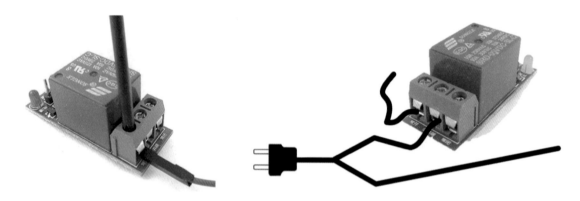

繼電器通常用於控制高電壓或高電流的電路，以及需要遠距離或自動化控制的場合。例如，在家庭中，繼電器可以用於控制照明、風扇和門鈴等設備，以及控制家庭安全系統中的傳感器。在工業自動化領域中，繼電器也被廣泛應用於控制機器人、自動化生產線和工業控制系統等。在這些應用中，繼電器可以透過計算機、PLC 等控制設備進行控制，實現高效自動化生產和控制。

2-20-3 接線說明

本實作採用常見的1路繼電器，其實還有其他2路、4路、8路的繼電器，不過控制的方式基本是一樣的。本實作為了安全起見，先不接外部電源，僅使用 LED 燈的線路作示範，未來可以改成電燈的電線。

繼電器

- S 腳 接 控制板的7號腳位。

- ＋腳 接 控制板的 5V 腳位。

- - 腳 接 控制板的 GND 腳位。

LED 燈

- 長腳 接 220 歐姆電阻再接 NO 腳。

- 短腳 接 控制板 GND 端。

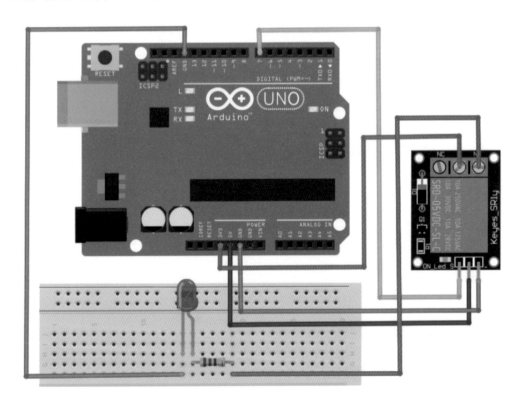

2-20-4 程式引導說明

完整程式碼

```
1  void setup() {
2    pinMode(7,OUTPUT);
3  }
4  void loop() {
5    digitalWrite(7,HIGH);
6    delay(2000);
7    digitalWrite(7,LOW);
8    delay(1000);
9  }
```

程式解說

第 1 行：setup() 函式，初始化設置。

第 2 行：設置腳位 7 為數位輸出模式，以便控制繼電器。

第 4 行：loop() 函式，執行主程式。

第 5 行：腳位 7 設置為高電位，讓繼電器通電，可以使 LED 燈亮。

第 6 行：延遲 2 秒，以保持繼電器和 LED 燈的開啟狀態。

第 5 行：腳位 7 設置為低電位，讓繼電器斷電，可以使 LED 燈暗。

第 6 行：延遲 2 秒，以保持繼電器和 LED 燈的關閉狀態。

Easy Make：Arduino 程式設計與創客入門

作　　　者：簡良諭
企劃編輯：郭季柔
文字編輯：江雅鈴
設計裝幀：張寶莉
發 行 人：廖文良

發 行 所：碁峰資訊股份有限公司
地　　　址：台北市南港區三重路 66 號 7 樓之 6
電　　　話：(02)2788-2408
傳　　　真：(02)8192-4433
網　　　站：www.gotop.com.tw
書　　　號：AEH004800
版　　　次：2023 年 09 月初版
建議售價：NT$290

國家圖書館出版品預行編目資料

Easy Make：Arduino 程式設計與創客入門 / 簡良諭著. -- 初版.
　-- 臺北市：碁峰資訊, 2023.09
　　面；　　公分
　　ISBN 978-626-324-593-8(平裝)
　　1.CST：微電腦　2.CST：電腦程式語言
471.516　　　　　　　　　　　　　　　　　112012391

讀者服務

- 感謝您購買碁峰圖書，如果您對本書的內容或表達上有不清楚的地方或其他建議，請至碁峰網站：「聯絡我們」\「圖書問題」留下您所購買之書籍及問題。(請註明購買書籍之書號及書名，以及問題頁數，以便能儘快為您處理)
http://www.gotop.com.tw

- 售後服務僅限書籍本身內容，若是軟、硬體問題，請您直接與軟、硬體廠商聯絡。

- 若於購買書籍後發現有破損、缺頁、裝訂錯誤之問題，請直接將書寄回更換，並註明您的姓名、連絡電話及地址，將有專人與您連絡補寄商品。